① 业务关键时刻 (Moment-Interval)	②
③ 人-事-物 (Party, place, thing)	(Description)

图 7-15　四色模型

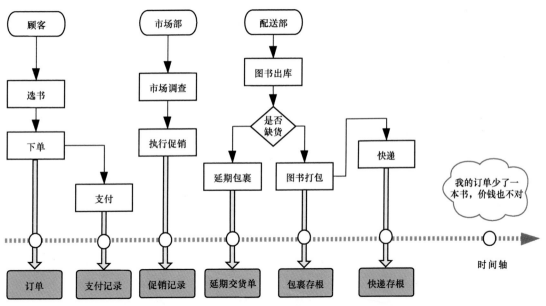

图 7-16　在线电子书店的关键业务流程

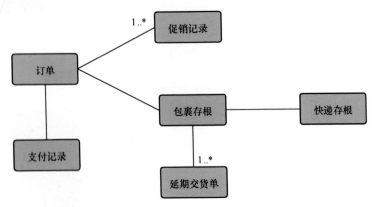

图7-17　在线电子书店的业务关键时刻对象

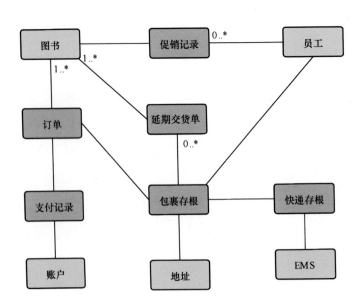

图7-18　在线电子书店的人－事－物对象

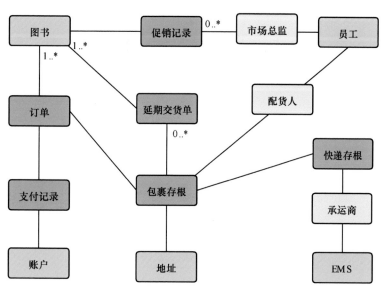

図書　　　促销记录　0..*　市场总监　　员工

1..*

订单　　　延期交货单　　　配货人

0..*　　　　　　　　　快递存根

支付记录　　　　　包裹存根　　　　承运商

账户　　　　　　　地址　　　　　　EMS

图7-19　在线电子书店的角色对象

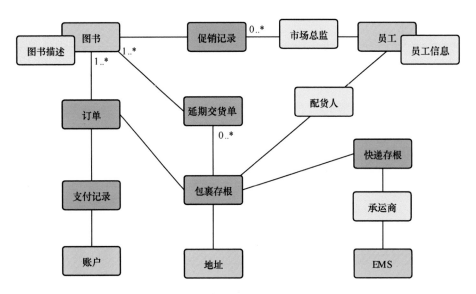

图 7-20　电子书店的描述对象

代码精进之路

从码农到工匠

张建飞 著

人民邮电出版社

北京

图书在版编目（ＣＩＰ）数据

代码精进之路：从码农到工匠 / 张建飞著. -- 北
京：人民邮电出版社，2020.1（2024.7重印）
ISBN 978-7-115-52102-6

Ⅰ. ①代… Ⅱ. ①张… Ⅲ. ①程序设计 Ⅳ.
①TP311.1

中国版本图书馆CIP数据核字(2019)第208425号

内 容 提 要

这是一本为专业程序员而写的书，写好代码、追求卓越和工匠精神是每个程序员都应该具备的优秀品质。

本书共有 13 章内容，主要分为技艺部分、思想部分和实践部分。技艺部分详细介绍了编程技巧和方法论，并配以详尽的代码案例，有助于读者提高编写代码的能力，优化代码质量。思想部分主要包括抽象能力、分治思想，以及程序员应该具备的素养等内容。实践部分主要介绍了常见的应用架构模式，以及 COLA 架构的设计原理。

本书的目标读者是专业程序员，书中有关命名、函数、抽象和建模等内容是具有普适性的。无论你是否使用 Java 语言编程，也不管你从事的是业务应用开发、前端开发，还是底层技术开发工作，都可以阅读和使用本书。

♦ 著　　　　张建飞

责任编辑　张　爽

责任印制　焦志炜

♦ 人民邮电出版社出版发行　　北京市丰台区成寿寺路 11 号
邮编　100164　电子邮件　315@ptpress.com.cn
网址　http://www.ptpress.com.cn
北京九州迅驰传媒文化有限公司印刷

♦ 开本：720×960　1/16　　　　彩插：2
印张：16.25　　　　　　　　2020 年 1 月第 1 版
字数：230 千字　　　　　　　2024 年 7 月北京第 15 次印刷

定价：79.90 元

读者服务热线：(010)81055410　印装质量热线：(010)81055316
反盗版热线：(010)81055315
广告经营许可证：京东市监广登字20170147 号

序一

　　软件研发是技术也是艺术，不仅要有一行行的代码，还要有主题思想、想象力、宏观架构……程序员在成为一个架构师梦想的指引下，不断地学习语言特性、编程模型和各种思想方法，并在一次次的系统重构中成长。可以说，程序员的快乐和骄傲很大程度上来自于那些具有美感的代码。

　　软件的发展如此迅猛，作为程序员，我们经常会面对着没有前人经验的"无人区"。过去的软件大多数是对现实世界的模拟，还有参照物供我们去归纳总结抽象。但随着 PC 互联网和移动互联网的发展，软件已经演进为一个与现实连接的虚拟世界，成为了社会的基础设施。在这个全新的领域，我们只有不断地突破思想的边界，善于打破旧观念，敢于探索未知，才能有所贡献。

　　刚认识建飞的时候，他对代码质量的追求和对优雅架构的探索精神打动了我。几年下来，我看到他在这个领域中逐渐形成自己的认知体系、做事方法和评价标准，并沉淀出了在很多业务系统中得到了有效应用的 COLA 系统框架，也在如何做技术 Leader 方面形成了自己的思路，带领团队拿到了良好的业务结果。

　　这本书是建飞的阶段性思考总结，相信读者能从这本书中看到他对软件研发的热情和独到见解。我也希望建飞能够不断地探索总结，给我们带来更多的惊喜！

阿里巴巴技术副总裁

玄　难

2019 年 6 月

序二

写软件的人有一大爱好，就是聚在一起，相互调侃自家的代码。"我司'祖传'代码，'五代单传'，无注释，如无字天书……""我司代码相当的'浪'，想重构吧，害怕一不小心大水冲了龙王庙……"

软件人员还有一个爱好，就是崇拜"银弹"。

前两年，银弹是敏捷、Scrum，搞得轰轰烈烈，但是实践下来，往往变成了管理者要求软件团队更快和更频繁出产品的工具：两星期一迭代，三个月出产品。架构设计往边靠，先出个 MVP，再迭代，将来再重构……有更重要的需求了？没关系，这里加个 if/else，那里复制一下代码就可以实现了。当敏捷变成了一种管理工具后，代码架构更加脆弱，用一个"摇摇欲坠"的架构去支撑不断变化的业务需求，要"敏捷"，只能 996 了。

近几年的银弹是微服务，但是微服务需要更强的业务建模能力和技术管理能力，否则实现和维护微服务系统只能是难上加难。

有时候，我很悲观地思考，变得"臭不可闻"是不是每个系统不可避免的命运？如果不是，靠什么才能避免代码的腐化呢？

我隐隐约约地觉得一个很好的架构可能是解决问题的办法。因为我在写代码前，如果没有业务压力，我可以优哉游哉地想个几天，等动手写代码时，头脑中的分治联合早已清楚，洋洋洒洒，如有神助；可是如果业务复杂繁忙，需要多个团队合作开发，就很难保证架构在演化过程中保持清晰健壮，也很难保证团队不走捷径、不做"变通"，更难以自动自觉地写出干净的代码为己任，而不会为了完成任务去堆砌代码。

可惜，我并没有深入且系统地思考解决方案。但是，本书的作者想了，更可贵的是，他做出来了。这本书从最底层的技术细节开始讲起，从命名、代码规范、设计模式，到技术人员的素养、技术 Leader 的修养，再到 COLA 架构和如何使用 COLA 架构快速开发系统。整本书的风格如我喜欢的代码一般，清晰、简洁、有力。

我尤其喜欢的是第 11 章"技术 Leader 的修养"。技术高手在任何公司都很重要,但是以我所观察到的情况,很多高手都是"救火队长",哪里有火就扑向哪里,成为大家顶礼膜拜的"救火英雄";或者有些所谓的高手只在纸上做架构,指点江山。我认为,真正的技术 Leader 是能够创建并且演进架构,在架构层面上帮助大家比较容易地写出好代码的人;是能够创建良好的技术氛围,以写好代码为荣,以写坏代码为耻,促使大家不停学习的人。张建飞分享了他的团队中一些很有意义的做法,使我深受启发。

好代码才是真正的银弹!COLA 架构能够在架构层面上帮助程序员写出好代码、研读源代码,它是作者及其团队多年来孜孜不倦地践行工匠精神打磨出的系统产物。对于读者,我的建议是一边研读源代码,一边反复阅读本书,并进一步阅读书中推荐的其他书籍。我相信,不管你是刚入行的新人,还是工作多年、经验丰富的人,抑或是技术管理人员,都能从本书中收获良多。

2013 年的"搞笑诺贝尔奖"中提到屎壳郎在迷路时能够利用银河导航。即使我们的工作是在维护"屎山"(Shit Mountain),也请不要忘记时时仰望星空……

Micro Focus 架构师

陈 萍

2019 年 7 月

前言

我有一个梦想，我写的代码，可以像诗歌一样优美。

我有一个梦想，我做的设计，能恰到好处，既不过度，也无不足。

这种带有一点洁癖的完美主义就像一把达摩克利斯之剑，时刻提醒我不能将就、不能妥协。

完美主义的代价使我在很长时间持续地迷茫和焦虑，甚至一度感到失望和怀疑。在软件的世界里，到底有没有优雅的代码和整洁的架构呢？

每每看到"剪不断、理还乱"的代码，我都会感到懊恼和羞愧。懊恼的是，不知道如何能有效地治理混乱、控制复杂度；羞愧的是，我真的无能为力吗？

一边是无止境的业务需求，一边是补丁加补丁的业务代码，开发人员被夹在中间，像一只困兽，向左走，还是向右走？方向在哪里？我倍感困惑。就像 Robert C. Martin 说的："不管你们有多敬业，加多少班，在面对烂系统时，你仍然会寸步难行，因为你大部分的精力不是在应对开发需求，而是在应对混乱。"

的确，软件是具有天然的复杂性的，而且不可能彻底地消除这种复杂性。不甘于向复杂度屈服的我们，花了很多时间研究复杂性的根源，随着对复杂性理解的不断深入，我们发现造成软件复杂性的主要因素如下。

- 软件的本质复杂性。《人月神话》的作者 Frederick P.Brooks.Jr 曾说："软件的复杂性是一个基本特征，而不是偶然如此。"问题域有其复杂性，而软件在实现过程中又有很大的灵活性和抽象性，导致软件具有天然的复杂性。

- 缺少技艺。"写代码"作为一种技能，入门并不是很难。但是要像高手那样优雅地"写好代码"并不是一件容易的事，需要持续地学习和实践。

- 糟糕的技术氛围。在一个技术团队中，如果技术 Leader 只在乎分配给员工的任务有没有按时实现，从来不关心代码的质量好坏，又怎能指望团队写出"干净的代码"？

- 教条和妥协。我们可能不得已在不恰当的场景使用了不恰当的解决方案，造成了不必要的复杂性。我们向自己妥协、向产品经理妥协、向工期妥协、向技术债妥协，总有很多借口把设计糟糕、混乱丑陋的代码发布上线。

念念不忘，必有回响；不忘初心，方得始终。**经过不懈的努力，我们的坚持和努力终于在 2018 年有了一些阶段性的成果，我们找到了一些切实可行的控制复杂度的办法，并沉淀了整洁面向对象分层架构（Clean Object-oriented and Layered Architecture，COLA）。**COLA[1] 的诞生给了我们很大的鼓舞和希望，就像是在茫茫大海上漂流，终于看到了彼岸的灯塔。

在 COLA 日趋成熟之际，我迫不及待地想要将这些发现和应用整理分享出来。在探索复杂度治理的相关工作和研究中，我不止一次地感叹如果能更早地了解这些知识、掌握这些方法该有多好，这样就能避免很多不必要的焦虑，少做有缺陷的设计，少写丑陋的代码了。相信你在看完本书后也会有同样的感受，因为我相信对代码的极致追求是每个技术人员的基本动力和诉求。我们都知道"写出好代码"是比"写出代码"要难得多的要求，一个程序员的"美德"就在于他是否能为后人留下一段看得懂、可维护性好的代码。

---

[1] COLA 的开源地址是 https://github.com/alibaba/COLA。

写好代码的技艺不是一蹴而就的，它是一个系统化的工程，不是看几本书、写几年代码就能轻松习得的，而需要我们对自己的思维习惯、学习方法和工程实践进行彻底的反省和重构。本书记录了一个普通码农如何通过认知升级、知识重构、持续学习，继而转向工匠的过程。作为一个技术人，我有义务将这个过程分享出来，以期给同样在路上的你带来一些启发，缩短你"从码农到工匠"的探索路径。

由于认知水平有限，本书的很多观点可能只是一家之言，因此我更希望读者带着批判的眼光来看这本书，取其精华，并对有疑问的地方提出质疑和见解。

灵活性和没有银弹（Silver Bullet），也是软件行业的有趣之处。在这个行业里，一个问题会有很多种解法，即使是最简单的函数也至少可以写出10 种不同的代码来实现。因此，知识储备、判断力和思辨力是软件行业给我们提出的更高要求，任何不区分上下文和情景的教条都有可能在实施过程中遭遇惨败。我真诚地期待读者对书中的内容进行批评和指正，如果你对本书或者 COLA 架构有任何想法和意见，都可以通过下面的微信公众号来联系我。

软件设计不仅是"技术"（Technique），更是一门"技艺"（Craftsmanship）。要想控制复杂度，防止系统腐化，我们不能只满足做一个搬砖的"码农"，而是要坚持自己的技术梦想和技术信仰，怀有一颗"匠人"之心，保持专注、持续学习，每天进步一点点。唯有如此，我们才有可能"从码农走向工匠"！

本书的结构

本书共分为三大部分：技艺部分、思想部分和实践部分。

技艺部分（第1~7章）

这部分详细介绍了一些实用的编程技巧和方法论，并配以详尽的代码案例。掌握这些方法论可以有效地提高我们的编程素养，培养更好的编程习惯，写出更好的程序。

第1章　命名。好的命名可以极大地提升代码可读性和可理解性，本章主要介绍命名的重要性、命名要注意什么，以及我们如何对不同的软件构建（Artifact）进行命名。

第2章　规范。在 Google 的代码审查（Code Review）实践中，代码是否符合规范（Norms）是最重要的检查项。在本章中，我们将了解必需的规范、如何制定规范，以及如何贯彻实施规范。

第 3 章　函数。有时即使你不采用任何面向对象（Object Oriented，OO）技术，只把函数写好，代码也会呈现完全不一样的风貌。本章介绍许多写函数的技巧和方法，非常实用。

第 4 章　设计原则。本章介绍了很多前人总结的优秀设计原则，包括最著名的 SOLID，它为我们提供了非常好的 OO 设计指导原则，比如扩展性的终极目标是满足 OCP。我个人特别推崇 DIP，因为它是架构设计的重要指导原则。

第 5 章　设计模式。好的设计模式能够使代码具有恰到好处的灵活性和优雅性，工程师之间的沟通也会变得简单。本章没有详细介绍 GoF 中的全部 24 种模式，只重点介绍几个日常使用频率高、实用性强的设计模式。

第 6 章　模型。软件工程就是一个对现实世界的问题进行分析、抽象、建模，然后转换成计算机可以理解的语言，解释执行，实现特定业务逻辑的过程。本章主要介绍了什么是模型、软件工程中常见的建模方法论，以及如何运用这些模型为软件服务。

第 7 章　DDD 的精髓。领域建模是面向对象技术的精髓，本章的主要思想都来自于领域驱动设计（Domain Driven Design，DDD），但是并没有教条地照搬，而是结合实践对 DDD 进行了改良、萃取和优化。

思想部分（第 8~11 章）

思想是比技艺更高层次的能力要求，如果说技艺是"术"，那么思想就是"道"，领悟这些道理，对我们的职业发展会大有裨益。

第 8 章　抽象。抽象能力是工程师需要的核心能力之一。本章介绍了什么是抽象、抽象的层次性、如何进行抽象，以及如何培养结构化思维和抽象思维。

第 9 章　分治。分治思想的伟大之处在于，我们可以将一个很复杂的问题域分解成多个相对独立的子问题，再各个击破。分治思想在软件领域可谓是无处不在。

第 10 章　技术人的素养。做一个优秀的工程师不容易，然而还是有一些特质是值得我们学习的。本章主要介绍了技术人应该具备的一些素养，以及如何培养这些素养。

第 11 章　技术 Leader 的修养。一个优秀的工程师不一定是一个好的技术 Leader，一个技术 Leader 在很大程度上决定了团队的技术味道和技术追求。在本章中，我会介绍自己在技术管理上的一些心得。

实践部分（第12、13章）

"Talk is cheap, show me the code"，一本没有实战的技术书是难以服众的。如果说思想是务虚的最高境界，那么实践就是务实的最低要求。

第 12 章　COLA 架构。本章主要介绍了什么是架构，重点介绍 COLA 架构及其背后的设计理念和设计原理。

第 13 章　工匠平台。本章通过 COLA 架构在工匠平台实际业务场景中的落地，介绍如何使用 COLA 来搭建一个完整的应用架构，以及如何通过领域建模来实现业务逻辑。

本书特色

本书的特色之处在于"虚实结合"——既重视思想，又兼顾实践。

所谓思想，是我们分析和解决问题所需的底层能力。我利用大量篇幅介绍了抽象、批判思维、辩证思维，以及程序员的素养等。思想是我们构建技术大厦的底层基石，是我们必须要掌握的底层能力，它超越了软件行业的范畴，是一种哲学和世界观。

实践即 COLA 架构。这不仅是一本技术书，也是开源框架 COLA 的技术指导手册。到目前为止，我还没有看到比 COLA 更轻量、更简洁、可直接应用到生产系统中的应用框架。看完本书，相信你会对 COLA，以及如何应用 COLA 进行应用架构和复杂性治理有一个全面的了解。

本书面向的读者

本书的目标读者是专业程序员。无论你使用哪种编程语言、从事哪个岗位的工作，写好代码、追求卓越和工匠精神是每个程序员都应该具备的优秀品质。

本书最适合的读者是具有一定经验、从事以 Java 语言为主的业务应用开发人员，主要有以下两个原因。

- 首先，书中所有的示例和讨论都是基于 Java 语言编写的。熟悉 Java 语言和面向对象技术，能够更好地理解本书内容，尤其是第 5 章和第 6 章，以及思想部分的内容。

- 其次，COLA 是面向业务应用的框架，第 13 章的实战也是一个基于 COLA 和 Spring Boot 的业务项目，因此更适用于具有一定工作经验、从事业务开发的读者。

最后，我想特别对以下不同类型的读者说几句话。

- 新程序员：如果你是在校生或初入职场的新人，在追求技术宽度的同时，请一定要养成"写好代码"的习惯。充分利用这本书，写好代码，能让你站在一个更高的起点上。

- 资深程序员：职场的资深人士能够选择本书，说明你和我一样，还怀有一颗"不安分"的心。"种一棵树最好的时间是十年前，其次是现在"，在追求卓越的路上，我们都没有迟到，现在上路还不晚。更何况，我们多年来一直在坚持写代码，这本身就是一种胜利！

- 架构师：熟悉我的人都知道，我不赞成在业务团队设置专门的架构岗位，因为我认为架构是一种能力，而不是职位。如果恰巧，你就在这样的岗位上，那么请一定不要画完架构图就算完成工作，要深入代码细节中去，这样才能发现设计中存在的问题，赢得程序员的尊重。如果你对技艺部分已经比较熟悉，建议重点阅读思想部分和实践部分。

- 技术团队管理者：管理者的一个很重要的使命就是帮助团队成长，包括制定规范和技术传承。倘若你和我一样，不仅仅把自己定位为一个"管理者"，那么请重点阅读第 11 章。

致谢

感谢我的团队成员沈学良、冯贝、詹向阳、聂晓龙、廖康丽、李克华和吴才强，是你们这一两年来陪我共同探索，才促成了这本书的诞生。

特别感谢玄难，虽然您不是我的直接汇报领导，但是您的为人处世之道、务实之风，以及对技术的专注和热情都深深影响了我。是您让我明白，不论身处什么位置，只要还在技术线，就没有理由"逍遥于代码之外"。记得在代码大赛夺冠的晚餐会上，我和您提到要写这本书，您表示支持，并答应为书作序。正是有了您的鼓励和期许，我才有勇气动笔写作，再次感谢您！

最后，还要感谢我亲爱的家人：我的父母（张东方、徐凤英），岳父岳母（柯超、张小妹），妹妹（张晨琛），妻子（柯霁）和两个超级无敌可爱的女儿（张艾可、张慕溪）。写书的过程比我预想的要难得多，记得最初的两个月，我常常坐在电脑前很长时间，却不知从何写起，大纲也被反复调整了很多次。正是家人一直在我背后默默地付出和陪伴，特别是我的岳父岳母和妻子，照顾小孩，并且承担了所有家务，我才能有精力全力投入在工作和写作上。你们是我最强大的后盾，谢谢你们，永远爱你们！

资源与支持

本书由异步社区出品，社区（https://www.epubit.com/）为您提供相关资源和后续服务。

配套资源

本书源代码请到前言中提到的 GitHub 开源地址中获取。

提交勘误

作者和编辑尽最大努力来确保书中内容的准确性，但难免会存在疏漏。欢迎您将发现的问题反馈给我们，帮助我们提升图书的质量。

当您发现错误时，请登录异步社区，按书名搜索，进入本书页面，点击"提交勘误"，输入勘误信息，单击"提交"按钮即可。本书的作者和编辑会对您提交的勘误进行审核，确认并接受后，您将获赠异步社区的 100 积分。积分可用于在异步社区兑换优惠券、样书或奖品。

扫码关注本书

扫描下方二维码，您将会在异步社区微信服务号中看到本书信息及相关的服务提示。

与我们联系

我们的联系邮箱是 contact@epubit.com.cn。

如果您对本书有任何疑问或建议，请您发邮件给我们，并请在邮件标题中注明本书书名，以便我们更高效地做出反馈。

如果您有兴趣出版图书、录制教学视频，或者参与图书翻译、技术审校等工作，可以发邮件给我们；有意出版图书的作者也可以到异步社区在线提交投稿（直接访问 www.epubit.com/selfpublish/submission 即可）。

如果您所在的学校、培训机构或企业，想批量购买本书或异步社区出版的其他图书，也可以发邮件给我们。

如果您在网上发现有针对异步社区出品图书的各种形式的盗版行为，包括对图书全部或部分内容的非授权传播，请您将怀疑有侵权行为的链接发邮件给我们。您的这一举动是对作者权益的保护，也是我们持续为您提供有价值的内容的动力之源。

关于异步社区和异步图书

"异步社区"是人民邮电出版社旗下 IT 专业图书社区，致力于出版精品 IT 技术图书和相关学习产品，为作译者提供优质出版服务。异步社区创办于 2015 年 8 月，提供大量精品 IT 技术图书和电子书，以及高品质技术文章和视频课程。更多详情请访问异步社区官网 https://www.epubit.com。

"异步图书"是由异步社区编辑团队策划出版的精品 IT 专业图书的品牌，依托于人民邮电出版社近 30 年的计算机图书出版积累和专业编辑团队，相关图书在封面上印有异步图书的 LOGO。异步图书的出版领域包括软件开发、大数据、AI、测试、前端、网络技术等。

异步社区

微信服务号

目录

第一部分　技　　艺

第二部分　思　　想

第三部分　实　　践

第 12 章　COLA 架构 / 191

第一部分　技　艺

第 *1* 章

命名

> 名为万物之始，万物始于无名，道生一，一生二，二生三，三生万物。
>
> ——《易经》

命名常常被认为是编程中的细节问题，其重要性往往被低估。而所谓的工匠精神，往往就是体现在细节之处，就像日本的"煮饭仙人"50 年专注于做好 1 碗米饭。一个名字虽然并不影响程序的执行，但是却对代码的表达力和可读性有着重要的影响。

在程序员的工作中，大部分的时间都在阅读和理解代码，好的命名能够让代码的概念清晰，增加代码的表达力；词不达意的命名会破坏我们思考的连贯性，分散有限的注意力。

1.1 命名的力量

无论是对于人名，还是企业名、产品名，命名都有着巨大的力量。

在阿里巴巴初创时期，马云想做一个国际化的电子商务网站，要起一个全球化的名字。有一天，他在旧金山的街上发现阿里巴巴这个名字蛮有意思的，正在思考时，一名服务员送咖啡过来。马云问他："你知道阿里巴巴吗？"他说："当然知道了，就是 open sesame（芝麻开门）"。然后马云在街上找了来自不同国家的数十个人，问他们知道阿里巴巴吗？他们大多能讲到芝麻开门。在英文单词里，"a"排名又在第一位，而且大多数人一听（看）到阿里巴巴这个名字都会感到奇怪，这样足以给人留下深刻的印象，"阿里巴巴"的名字由此而来。

在 Java 企业级应用开发的历史上，也有一段和命名有关的有趣历史。在 2000 年左右，EJB（Enterprise Java Bean）大行其道，这让 Martin Fowler、Rebecca Parsons 和 Josh MacKenzie 等人感到很困惑。后来他们发现人们之所以不愿意在他们的系统中使用普通的 Java 对象，是因为其缺少一个酷炫的名字，因此他们在一次会议上给普通的 Java 对象起了个名字——POJO（Plain Old Java Object）。当时的 EJB 在开发和部署上给开发者带来了沉重的负担，POJO 概念的提出很快得到了开发者的拥护。Spring 等一系列轻量级框架的诞生，很快终结了 EJB 的统治地位，因此在一定程度上，POJO 这个名字加速了 EJB 的消亡。

1.2　命名其实很难

起名字这件事看似不难，但是要经过深思熟虑，取出名副其实、表达性好的名字并不是一件很容易的事。

命名为什么难呢？因为命名的过程本身就是一个抽象和思考的过程，在工作中，当我们不能给一个模块、一个对象、一个函数，甚至一个变量找到合适的名称的时候，往往说明我们对问题的理解还不够透彻，需要重新去挖掘问题的本质，对问题域进行重新分析和抽象，有时还要调整设计和重构代码。因此，好的命名是我们写出好代码的基础。

就像 Stack Overflow 的创始人 Joel Spolsky 所说的："起一个好名字应该很难，因为一个好名字需要把要义浓缩在一到两个词中。（Creating good names is hard, but it should be hard, because a great name captures essential meaning in just one or two words.）"

此外，Martin Fowler 也表示过，他最喜欢的一句谚语是："在计算机科学中有两件难事：缓存失效和命名。（There are only two hard things in Computer Science: cache invalidation and naming things.）"

1.3　有意义的命名

代码即文档，可读性好的代码应该有一定的自明性，也就是不借助注释和文档，代码本身就能显性化地表达开发者的意图。这种自明性在很大程度上依赖于我们对问题域的理解，以及命名是否合理。

通常，如果你无法想出一个合适的名字，很可能意味着代码"坏味道"、设计有问题。这时可以思考一下：是不是一个方法里实现了太多的功能？或者类的封装内聚性不够？又或者是你对问题的理解还不够透彻，需要获取更多的信息？

1.3.1　变量名

变量名应该是名词，能够正确地描述业务，有表达力。如果一个变量名需要注释来补充说明，那么很可能说明命名就有问题。

```
int d; // 表示过去的天数
```

观察上面的命名，我们只能从注释中知道变量 d 指的是什么。如果没有注释，阅读代码的人为了知道 d 的含义，就不得不去寻找它的实例以获取线索。如果我们能够按照下面这样的方式命名这个变量，阅读代码的人就能够很容易地知道这个变量的含义。

```
int elapsedTimeInDays;
```

类似的还有魔术数，数字 86400 应该用常量 SECONDS_PER_DAY 来表达；每页显示 10 行记录的，10 应该用 PAGE_SIZE 来表达。

这样做还有一个好处，即代码的可搜索性，在代码中查找 PAGE_SIZE 很容易，但是想找到 10 就很麻烦了，它可能是某些注释或者常量定义的一部分，出现在不同作用的各种表达式中。

1.3.2　函数名

函数命名要具体，空泛的命名没有意义。例如，processData()就不是一个好的命名，因为所有的方法都是对数据的处理，这样的命名并没有表明要做的事情，相比之下，validateUserCredentials()或者 eliminateDuplicateRequests()就要好许多。

函数的命名要体现做什么，而不是怎么做。假如我们将雇员信息存储在一个栈中，现在要从栈中获取最近存储的一个雇员信息，那么getLatestEmployee()就比 popRecord()要好，因为栈数据结构是底层实现细节，命名应该提升抽象层次、体现业务语义。合理的命名可以使你省掉记住"出栈"的脑力步骤，你只需要简单地说"取最近雇员的信息"。

1.3.3　类名

类是面向对象中最重要的概念之一，是一组数据和操作的封装。对于一个应用系统，我们可以将类分为两大类：实体类和辅助类。

实体类承载了核心业务数据和核心业务逻辑，其命名要充分体现业务语义，并在团队内达成共识，如 Customer、Bank 和 Employee 等。

辅助类是辅佐实体类一起完成业务逻辑的，其命名要能够通过后缀来体现功能。例如，用来为 Customer 做控制路由的控制类 CustomerController、提供 Customer 服务的服务类 CustomerService、获取数据存储的仓储类 CustomerRepository。

对于辅助类，尽量不要用 Helper、Util 之类的后缀，因为其含义太过笼统，容易破坏 SRP（单一职责原则）。比如对于处理 CSV，可以这样写：

```
CSVHelper.parse(String)
CSVHelper.create(int[])
```

但是我更建议将 CSVHelper 拆开：

```
CSVParser.parse(String)
CSVBuilder.create(int[])
```

1.3.4 包名

包（Package）代表了一组有关系的类的集合，起到分类组合和命名空间的作用。在 Java 的早期阶段，因为缺乏明确的分包机制，导致程序（特别是大型程序）很容易陷入混乱。

包名应该能够反映一组类在更高抽象层次上的联系。例如，有一组类 Apple、Pear、Orange，我们可以将它们放在一个包中，命名为 fruit。

包的命名要适中，不能太抽象，也不能太具体。此处以上面提到的水果作为例子，如果包名过于具体，比如 Apple，那么 Pear 和 Orange 放进该包中就不恰当了；如果包名太抽象，称为 Object，而 Object 无所不包，这就失去了包用来限定范围的作用。

1.3.5 模块名

这里说的模块（Module）主要是指 Maven 中的 Module，相对于包来说，模块的粒度更大，通常一个模块中包含了多个包。

在 Maven 中，模块名就是一个坐标: <groupId, artifactId>。一方面，其名称保证了模块在 Maven 仓库中的唯一性；另一方面，名称要反映模块在系统中的职责。例如，在 COLA 架构中，模块代表着架构层次，因此，对任何应该遵循 COLA 规范的应用都有着 xxx-controller、xxx-app、xxx-domain 和 xxx-Infrastructure 这 4 个标准模块。更多内容请参考 12.3 节。

1.4 保持一致性

保持命名的一致性，可以提高代码的可读性，从而简化复杂度。因此，我们要小心选择命名，一旦选中，就要持续遵循，保证名称始终一致。

1.4.1 每个概念一个词

每个概念对应一个词，并且一以贯之。例如，fetch、retrieve、get、find
和 query 都可以表示查询的意思，如果不加约定地给多个类中的同种查询
方法命名，你怎么记得是哪个类中的哪个方法呢？同样，在一段代码中，
同时存在 manager、controller 和 handler，会令人感到困惑。

因此在项目中，作者通常按照表 1-1 所示的约定，保持命名的一致性。

表 1-1 方法名约定

CRUD 操作	方法名约定
新增	create
添加	add
删除	remove
修改	update
查询（单个结果）	get
查询（多个结果）	list
分页查询	page
统计	count

1.4.2 使用对仗词

遵守对仗词的命名规则有助于保持一致性，从而提高代码的可读性。
像 first/last 这样的对仗词就很容易理解；而像 fileOpen()和 fClose()这样的组
合则不对称，容易使人迷惑。下面列出一些常见的对仗词组：

- add/remove

- increment/decrement

- open/close

- begin/end

- insert/delete

- show/hide

- create/destroy

- lock/unlock

- source/target

- first/last

- min/max

- start/stop

- get/set

- next/previous

- up/down

- old/new

1.4.3 后置限定词

很多程序中会有表示计算结果的变量，例如总额、平均值、最大值等。如果你要用类似 Total、Sum、Average、Max、Min 这样的限定词来修改某个命名，那么记住把限定词加到名字的最后，并在项目中贯彻执行，保持命名风格的一致性。

这种方法有很多优点。首先，变量名中最重要的部分，即为这一变量赋予主要含义的部分应位于最前面，这样可以突出显示，并会被首先阅读到。其次，可以避免同时在程序中使用 totalRevenue 和 revenueTotal 而产生的歧义。如果贯彻限定词后置的原则，我们就能收获一组非常优雅、具有对称性的变量命名，例如 revenueTotal（总收入）、expenseTotal（总支出）、revenueAverage（平均收入）和 expenseAverage（平均支出）。

需要注意的一点是 Num 这个限定词，Num 放在变量名的结束位置表示一个下标，customerNum 表示的是当前客户的序号。为了避免 Num 带来的麻烦，我建议用 Count 或者 Total 来表示总数，用 Id 表示序号。这样，customerCount 表示客户的总数，customerId 表示客户的编号。

1.4.4　统一业务语言

为什么要统一业务语言呢？试想一下，如果你每天与业务方讨论的是一种编程语言，而在团队内部交流、设计画图时使用另一种语言，编写的代码中体现出来的又是毫无章法、随意翻译的内容，这无疑会降低代码的表达能力，在业务语义和文档、代码之间出现了一条无形的鸿沟。

统一语言就是要确保团队在内部的所有交流、模型、代码和文档中都要使用同一种编程语言。实际上，统一语言（Ubiquitous Language）也是领域驱动设计（Domain Driven Design，DDD）中的重要概念，在 7.4.1 节中会有更加详细的介绍。

1.4.5　统一技术语言

有些技术语言是通用的，业内人士都能理解，我们应该尽量使用这些术语来进行命名。这些通用技术语言包括 DO、DAO、DTO、ServiceI、ServiceImpl、Component 和 Repository 等。例如，在代码中看到 OrderDO 和 OrderDAO，马上就能知道 OrderDO 中的字段就是数据库中 Order 表字段，对 Order 表的操作都在 OrderDAO 里面。

1.5　自明的代码

有人说"代码是最好的文档"，我并不完全赞同，我认为更准确的表达应该加上一个定语："好的代码是最好的文档"。也就是说，代码若要具备文档的功能，前提必须是其本身要具备很好的可读性和自明性。所谓自明性，就是在不借助其他辅助手段的情况下，代码本身就能向读者清晰地传达自身的含义。

1.5.1　中间变量

我们可以通过添加中间变量让代码变得更加自明，即将计算过程打散成多个步骤，并用有意义的变量名来命名中间变量，从而把隐藏的计算过程以显性化的方式表达出来。

例如，我们要通过 Regex 来获得字符串中的值，并放到 map 中。

```
Matcher matcher = headerPattern.matcher(line);
if(matcher.find()){
    headers.put(matcher.group(1), matcher.group(2));
}
```

用中间变量，可以写成如下形式：

```
Matcher matcher = headerPattern.matcher(line);
if(matcher.find()){
    String key = matcher.group(1);
    String value = matcher.group(2);
    headers.put(key, value);
}
```

中间变量的这种简单用法，显性地表达了第一个匹配组是 key，第二个匹配组是 value。只要把计算过程打散成一系列良好命名的中间值，不透明的语义自然会变得透明。

1.5.2　设计模式语言

使用设计模式语言也是代码自明的重要手段之一，在技术人员之间共享和使用设计模式语言，可以极大地提升沟通的效率。当然，前提是大家都要理解和熟悉这些模式，否则就会变成"鸡同鸭讲"。因此，我们有必要在命名上就将设计模式显性化出来，这样阅读代码的人能很快领会到设计者的意图。

例如，Spring 里面的 ApplicationListener 就充分体现了它的设计和用处。

通过这个命名，我们知道它使用了观察者模式，每一个被注册的
ApplicationListener 在 Application 状态发生变化时，都会接收到一个 notify。
这样我们就可以在容器初始化完成之后进行一些业务操作，比如数据加载、
初始化缓存等。

又如，在进行 EDM（邮件营销）时要根据一些规则过滤掉一些客户，
比如没有邮箱地址的客户、没有订阅关系不能发送邮件的客户、3 天内不
能重复发送邮件的客户等。

下面是一个典型的 pipeline 处理方式，责任链在处理该问题上是一个
很好的选项，FilterChain 这个名字非常恰当地表达出了作者的意图，Chain
表示用的是责任链模式，Filter 表示用来进行过滤。

```java
FilterChain filterChain = FilterChainFactory.buildFilterChain(
        NoEmailAddressFilter.class,
        EmailUnsubscribeFilter.class,
        EmailThreeDayNotRepeatFilter.class);

//具体的 Filter
public class NoEmailAddressFilter implements Filter {
    @Override
    public void doFilter(Object context, FilterInvoker nextFilter) {
        Map<String, Object> contextMap = (Map<String, Object>)context;
        String email = ConvertUtils.convertParamType (contextMap. get
("email"), String.class);
        if(StringUtils.isBlank(email)){
            return;
        }
        nextFilter.invoke(context);
    }
}
```

1.5.3　小心注释

如果注释是为了阐述代码背后的意图，那么这个注释是有用的；如果
注释是为了复述代码功能，那么就要小心了，这样的注释往往意味着"坏
味道"（在 Martin Fowler 的《重构：改善既有代码的设计》一书中，注释就
是"坏味道"之一），是为了弥补我们代码表达能力的不足。就像 Brian
W.Kernighan 说的那样："别给糟糕的代码加注释——重新写吧。"

1. 不要复述功能

为了复述代码功能而存在的注释，主要作用是弥补我们表达意图时遭遇的失败，这时要考虑这样的注释是否是必需的。如果编程语言足够有表达力，或者我们擅长用代码显性化地表达意图，那么也许根本就不需要注释。因此，在写注释时，你应该自省自己是否在表达能力上存在不足，真正的高手是尽量不写注释。

在 JDK 的源码 java.util.logging.Handler 中，我们可以看到如下代码：

```java
public synchronized void setFormatter(Formatter newFormatter) {
    checkPermission();
    // Check for a null pointer:
    newFormatter.getClass();
    formatter = newFormatter;
}
```

如果没有注释，那么可能没人知道 "newFormatter.getClass();" 是为了判空，注释 "Check for a null pointer" 就是为了弥补代码表达能力的失败而存在的。如果我们换一种写法，使用 java.util.Objects.requireNonNull 进行判空，那么注释就完全是多余的，代码本身足以表达其意图。

2. 要解释背后意图

注释要能够解释代码背后的意图，而不是对功能的简单重复。例如，我们在一个系统中看到如下代码：

```java
try {
    //在这里等待 2 秒
    Thread.sleep(2000);
} catch (InterruptedException e) {
    LOGGER.error(e);
}
```

这里的注释和没写是一样的，因为它只是对 sleep 的简单复述。正确的做法应该是阐述 sleep 背后的原因，比如改写成如下形式就会好很多。

```java
try {
    //休息 2 秒，为了等待关联系统处理结果
    Thread.sleep(2000);
} catch (InterruptedException e) {
    LOGGER.error(e);
```

```
    }
```

或者直接用一个 private 方法将其封装起来，用显性化的方法名来表达
意图，这样就不需要注释了。

```
private void waitProcessResultFromA( ){
    try {
        Thread.sleep(2000);
    } catch (InterruptedException e) {
        LOGGER.error(e);
    }
}
```

1.6　命名工具

"他山之石，可以攻玉"，当你不知道如何优雅地给变量命名时，可以
使用命名工具，快速搜索大型项目中的变量命名，看其他大型项目源码是
如何命名的，哪些变量名的使用频率高。特别是对于英语非母语的我们，
命名工具会非常有用。

我们可以在 IDE 中安装一个搜索插件，便于搜索海量的互联网上的开
源代码。举例说明，如图 1-1 所示，作者一般会安装一个叫作 OnlineSearch
的插件，插件里自带了像 SearchCode 这样的代码搜索工具，也可以自己配
置像 Codelf 这样的代码搜索工具。

图 1-1　OnlineSearch 插件

1.7 本章小结

命名在软件设计中有着举足轻重的作用，命名的力量就是语言的力量，好的命名可以保证代码不仅是被机器执行的指令，更是人和人之间沟通的桥梁。

命名的重要性不仅体现在提升代码的可读性上，有意义的命名更能够引导我们更加深入地理解问题域，理清关键业务概念，进行合理的业务抽象，从而设计出更加符合业务语义、易于理解的系统。

因此，每一个程序员都应该掌握一套命名的方法论：了解如何给软件制品（Artifact，包括 Module、Package、Class、Function 和 Variable）命名，如何写注释，如何让代码自明地表达自己，以及如何保持命名风格的一致性。

第 *2* 章

规范

离娄之明，公输子之巧，不以规矩，不能成方圆。

——孟子《离娄上》

复杂系统的前沿科学家 Mitchell Waldrop 在《复杂》一书中，提出一种用信息熵来进行复杂性度量的方法。所谓信息熵，就是一条信息的信息量大小和它的不确定性之间的关系。举个例子，假设消息由符号 A、C、G 和 T 组成，如果序列高度有序，例如"A A A A A A A … A"，则熵为零。而完全随机的序列，例如"G A T A C G A … A"，熵值达到最大。

由此可见，事物的复杂程度在很大程度上取决于其有序程度，减少无序能在一定程度上降低复杂度，这正是规范的价值所在。通过规范，把无序的混沌控制在一个能够理解的范围内，从而帮助我们减少认知成本，降低对事物认知的复杂度。

2.1　认知成本

所谓认知，是指人们获得知识或应用知识的过程。获得知识是要学习的，在学习过程中，我们要交的学费叫作认知成本。那么什么是知识呢？知识是人类对经验范围内的感觉进行总结归纳之后发现的规律。混乱无序的东西没有规律，不能形成知识，也就不能被认知到，这就是有组织和无组织的复杂性的区别。

例如，对于一名有经验的飞行员，已经掌握了所有飞机的共同属性，如舵、副翼和节流阀的功能，那么只要通过短时间的指导，使其了解哪些特性是新飞机所特有的，他就能驾驶这架新飞机。

因此，发现共同抽象和机制可以在很大程度上帮助我们理解复杂系统。

2.2　混乱的代价

认知是有成本的，而混乱的代价在于让我们对事物无法形成有效的记忆和认知，导致我们每次面对的问题都是新问题，每次面临的场景都是新场景，又要重新理解一遍。

不知道你是否有找不到衣服的痛苦经历，比如我每次找衣服都要花不少时间，黑色短裤在哪里？那件白色 T 恤明明昨天还看到的，怎么现在就不翼而飞了呢？问题的根源就在于"混乱"。后来，我痛定思痛，对衣服进行分门别类，收纳整理，找起来会容易得多，如图 2-1 所示。

随心所欲　　　　　　　　　　　　　　　　遵守规范

图 2-1　"随心所欲"与"遵守规范"

在工作中，很多工程师向我抱怨他们的系统很凌乱，毫无章法可言，即使花费很长时间也很难理清系统的脉络。在评估一个需求时，要在杂乱无章的代码中找好久才能找到相关的需求改动点，然而真正需要改动的代码可能只有一行而已。这样的无序在很大程度上是系统缺少代码组织结构规范造成的。

规范的缺失会导致工程师不知道应用中有哪些制品（Artifact）、如何给类命名、一个类应该放在哪个包（Package）或哪个模块（Module）里比较合适、错误码应该怎样去写、什么时候该打印日志、选用哪个日志级别。

IBM 大型机之父 Frederick P.Brooks.Jr（"没有银弹"概念的提出者）曾指出："爱因斯坦认为自然界必定存在着简单的解释，因为上天不是反复无常或随心所欲的。软件工程师没有这样的信仰来安慰自己。许多必须控制的复杂性是随心所欲的复杂性。"

混乱是有代价的，我们有必要使用规范和约定来使大脑从记忆不同的代码段的随意性、偶然性差异中解脱出来。将我们有限的精力用在刀刃上，而不是用来疲于应对各种不一致和随心所欲的混乱。

2.3　代码规范

2.3.1　代码格式

代码格式关系到代码的可读性，因此需要遵从一定的规范，包括缩进、水平对齐、注释格式等。关于代码格式，可能会因为语言和个人偏好而不同，但是一个团队最好是选定一种格式，因为一致性可以减少复杂度。

美剧《硅谷》中有一个经典镜头，Richard 与同为开发工程师的女友闹分手，理由是两人对缩进方式有截然不同的习惯，互相鄙视对方的代码风格。Richard 认为 "One tab saves four spaces"，缩进使用 Tab 键操作更快，且更节省存储空间；而女友坚持使用空格缩进，连续 4 次敲击空格的声音把 Richard 折磨到几近崩溃。Richard 在吵完架下楼梯时，不小心摔倒了，还淡定地说："I just tried to go down the stairs four steps at a time."

举上面的例子是想表达，代码格式的规范不是绝对的，没有一种比另一种更好的说法。它其实是一种约定，一旦约定下来，固化成 IDEA/Eclipse IDE 代码的统一模板，让每个开发人员安装即可，大家遵循约定就好了。

2.3.2 空行规范

空行有什么了不起，值得上升到规范的高度吗？是的，空行是一个小小的细节，但又不仅是一个细节问题。在我第一次领会到空行在概念区隔起到的作用时，其结果让我大吃一惊。

故事要从我开始写技术文章说起，那时写的都是大段大段的文字，段落之间没有空行。直到有一天，技术品牌运营的同事要将我的文章发布到阿里巴巴的技术公众号中，编辑对文章进行重新整理，除了删减个别的内容之外，还将文章按照小段落的形式进行了重构，并在每个小段落之间加上了空行加以区隔。

我惊讶地发现，对于同样的内容，由空行分出小段落比大段文字具有更好的可读性。这让我不禁想起《道德经》中的"三十幅共一毂，当其无，有车之用"，意思是说正是因为有了车轮毂和车轴之间的空白，车轮能够转起来，这正是"无"的价值啊。

自此以后，无论是写文章，还是写代码，我都倾向于使用小段落，并用空行隔开。空行为什么有这么大的作用呢？先来看图 2-2。

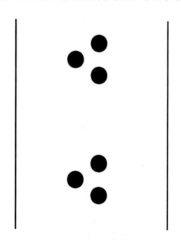

图 2-2　墨点的例子

大多数人一看到图 2-2 中的 6 个墨点，会认为这是两组墨点，每组 3

个。这是人类大脑的天性所致，大脑会认为同时发生的任何事物之间都存在某种联系，并且会将事物按某种逻辑模式组织起来。这种"联系"一般是某种类似的点或所处的位置比较接近。

空行在代码中的概念区隔作用同样适用。以 Spring 中的 BeanDefinitionVisitor 为例，在包声明、导入声明和每个函数之间，都有空行隔开。这种极其简单的规则极大地影响代码的视觉外观，每个空白行都是一条线索，提示你下一组代码表示的是不同的概念或功能。

```java
package org.springframework.beans.factory.config;

import java.util.LinkedHashMap;
import java.util.LinkedHashSet;
import java.util.List;
import java.util.Map;
import java.util.Set;

import org.springframework.beans.MutablePropertyValues;
import org.springframework.beans.PropertyValue;
import org.springframework.util.Assert;
import org.springframework.util.ObjectUtils;
import org.springframework.util.StringValueResolver;

public class BeanDefinitionVisitor {

    private StringValueResolver valueResolver;


    public BeanDefinitionVisitor(StringValueResolver valueResolver) {
        Assert.notNull(valueResolver, "StringValueResolver must not be null");
        this.valueResolver = valueResolver;
    }

    public void visitBeanDefinition(BeanDefinition beanDefinition) {
        visitParentName(beanDefinition);
        visitBeanClassName(beanDefinition);
        visitFactoryBeanName(beanDefinition);
        visitFactoryMethodName(beanDefinition);
        visitScope(beanDefinition);
        visitPropertyValues(beanDefinition.getPropertyValues());
        ConstructorArgumentValues cas = beanDefinition. getConstructorArgumentValues();
        visitIndexedArgumentValues(cas.getIndexedArgumentValues());
        visitGenericArgumentValues(cas.getGenericArgumentValues());
    }
}
```

删掉这些空白行，代码的可读性就弱了很多，如下所示。

```java
package org.springframework.beans.factory.config;
import java.util.LinkedHashMap;
import java.util.LinkedHashSet;
import java.util.List;
import java.util.Map;
import java.util.Set;
import org.springframework.beans.MutablePropertyValues;
import org.springframework.beans.PropertyValue;
import org.springframework.util.Assert;
import org.springframework.util.ObjectUtils;
import org.springframework.util.StringValueResolver;
public class BeanDefinitionVisitor {
    private StringValueResolver valueResolver;
    public BeanDefinitionVisitor(StringValueResolver valueResolver) {
        Assert.notNull(valueResolver, "StringValueResolver must not be
null");
        this.valueResolver = valueResolver;
    }
    public void visitBeanDefinition(BeanDefinition beanDefinition) {
        visitParentName(beanDefinition);
        visitBeanClassName(beanDefinition);
        visitFactoryBeanName(beanDefinition);
        visitFactoryMethodName(beanDefinition);
        visitScope(beanDefinition);
        visitPropertyValues(beanDefinition.getPropertyValues());
        ConstructorArgumentValues cas = beanDefinition. getConstructor
ArgumentValues();
        visitIndexedArgumentValues(cas.getIndexedArgumentValues());
        visitGenericArgumentValues(cas.getGenericArgumentValues());
    }
}
```

还有一种极端是在每一行代码后面都加上空行，这样空行就失去了意义，其结果是和没有空行一样。

在工作中，我发现很多同事不知道如何正确地使用空行，要么是该空行时没有空行，要么是胡乱空行。现在很多的 IDE 都提供了代码格式化功能，以及代码格式检查插件，在一定程度上可以帮到我们。但是工具毕竟是工具，逻辑概念的组织和区隔还是要靠程序员自己把握。一个简单的原则就是将概念相关的代码放在一起：相关性越强，彼此之间的距离应该越短。

2.3.3　命名规范

当前的主流编程语言有 50 种左右，分为两大阵营——面向对象和面向过程；按照变量定义和赋值的要求，又可分为强类型语言和弱类型语言。每种语言都有自己独特的命名风格，有些语言在定义时提倡以前缀来区分局部变量、全局变量和变量类型。例如，JavaScript 是弱类型语言，所以其中会有匈牙利命名法的习惯，用 li_count 表示 local int 局部整形变量，使用$给 jQuery 的变量命名。语言的命名风格多样，无可厚非，但是在同一种语言中，如果使用多种语言的命名风格，就会令其他开发工程师反感。

在 Java 中，我们通常使用如下命名约定。

- 类名采用 "大驼峰" 形式，即首字母大写的驼峰，例如 Object、StringBuffer、FileInputStream。

- 方法名采用 "小驼峰" 形式，即首字母小写的驼峰，方法名一般为动词，与参数组成动宾结构，例如 Thread 的 sleep(long millis)、StringBuffer 的 append(String str)。

- 常量命名的字母全部大写，单词之间用下划线连接，例如 TOTAL_COUNT、PAGE_SIZE 等。

- 枚举类以 Enum 或 Type 结尾，枚举类成员名称需要全大写，单词间用下划线连接，例如 SexEnum.MALE、SexEnum.FEMALE。

- 抽象类名使用 Abstract 开头；异常类使用 Exception 结尾；实现类以 impl 结尾；测试类以它要测试的类名开始，以 Test 结尾。

- 包名统一使用小写，点分隔符之间有且仅有一个自然语义的英语单词，包名统一使用单数形式。通常以 com 或 org 开头，加上公司名，再加上组件或者功能模块名，例如 org.springframework.beans。

2.3.4 日志规范

日志的重要性很容易被开发人员忽视，写好程序的日志可以帮助我们大大减轻后期维护的压力。在实际工作中，开发人员往往迫于时间压力，认为写日志是一件非常烦琐的事情，往往没有足够的重视，导致日志文件管理混乱、日志输出格式不统一，结果在出现故障时影响工作效率。开发人员应在一开始就养成良好的撰写日志的习惯，并在实际的开发工作中为写日志预留足够的时间。

在打印日志时，要特别注意日志输出级别，这是系统运维的需要。详细的日志输出级别分为 OFF、FATAL、ERROR、WARN、INFO、DEBUG、ALL 或者自定义的级别。我认为比较有用的 4 个级别依次是 ERROR、WARN、INFO 和 DEBUG。通常这 4 个级别就能够很好地满足我们的需求了。

1. ERROR 级别

ERROR 表示不能自己恢复的错误，需要立即被关注和解决。例如，数据库操作错误、I/O 错误（网络调用超时、文件读取错误等）、未知的系统错误（NullPointerException、OutOfMemoryError 等）。

对于 ERROR，我们不仅要打印线程堆栈，最好打印出一定的上下文（链路 TraceId、用户 Id、订单 Id、外部传来的关键数据），以便于排查问题。

ERROR 要接入监控和报警系统。ERROR 需要人工介入处理，及时止损，否则会影响系统的可用性。当然也不能滥用 ERROR，否则就会出现"狼来了"的情况。我在实际工作中曾碰到过系统每天会发出上千条错误报警的情况，导致根本没有人看报警内容，在真正出现问题时，也没有人关注，从而引发线上故障。因此，一定要做好 ERROR 输出的场景定义和规范，再配合监控治理，双管齐下，确保线上系统的稳定。

2. WARN 级别

对于可预知的业务问题，最好不要用 ERROR 输出日志，以免污染报警系统。例如，参数校验不通过、没有访问权限等业务异常，就不应该用ERROR 输出。

需要注意的是，在短时间内产生过多的 WARN 日志，也是一种系统不健康的表现。因此，我们有必要为 WARN 配置一个适当阈值的报警，比如访问受限 WARN 超过 100 次/分，则发出报警。这样在 WARN 日志过于频繁时，我们能及时收到系统报警，去跟进用户问题。例如，如果是产品设计上有缺陷导致用户频繁出现操作卡点，可以考虑做一下流程或者产品上的优化。

3. INFO 级别

INFO 用于记录系统的基本运行过程和运行状态。

通常来说，优先根据 INFO 日志可初步定位，主要包括系统状态变化日志、业务流程的核心处理、关键动作和业务流程的状态变化。适当的 INFO可以协助我们排查问题，但是切忌把 INFO 当成 DEBUG 使用，这样会导致记录的数据过多，一方面影响系统性能，日志文件增长过快，消耗不必要的存储资源；另一方面也不利于阅读日志文件。

4. DEBUG 级别

DEBUG 是输出调试信息，如 request/response 的对象内容。在输出对象内容时，要覆盖 Object 的 toString 方法，否则输出的是对象的内存地址，就起不到调试的作用了。

通常在开发和预发环境下，DEBUG 日志会打开，以方便开发和调试。而在线上环境，DEBUG 开关需要关闭，因为在生产环境下开启 DEBUG 会导致日志量非常大，其损耗是难以接受的。只有当线上出现 bug 或者棘手的问题时，才可以动态地开启 DEBUG。为了防止日志量过大，我们可以采用分布式配置工具来实现基于 requestId 判断的日志过滤，从而只打印我们所需请求的 DEBUG 日志。

2.3.5 异常规范

1. 异常处理

很多的应用系统因为没有统一的异常处理规范,增加了人为的复杂性,具体体现在以下两个方面。

(1)代码中到处充斥着异常捕获的 try/catch 的代码,搞乱了代码结构,把错误处理与正常流程混为一谈,严重影响了代码的可读性。

(2)异常处理不统一,有的场景对外直接抛出异常,有的场景对外返回错误码,这种不一致性让服务的调用方摸不着头脑,增加了服务的使用成本和沟通成本。

针对以上问题,我建议在业务系统中设定两个异常,分别是 BizException(业务异常)和 SysException(系统异常),而且这两个异常都应该是 Unchecked Exception。

为什么不建议用 Checked Exception 呢?

因为它破坏了开闭原则。如果你在一个方法中抛出了 Checked Exception,而 catch 语句在 3 个层级之上,那么你就要在 catch 语句和抛出异常处理之间的每个方法签名中声明该异常。这意味着在软件中修改较低层级时,都将波及较高层级,修改好的模块必须重新构建、发布,即便它们自身所关注的任何东西都没有被改动过。

这也是 C#、Python 和 Ruby 语言都不支持 Checked Exception 的原因,因为其依赖成本要高于显式声明带来的收益。

最后,针对业务异常和系统异常要做统一的异常处理,类似于 AOP,在应用处理请求的切面上进行异常处理收敛,其处理流程如下:

```
try {
    //业务处理
    Response res = process(request);
```

```
    }
    catch (BizException e) {
        //业务异常使用 WARN 级别
        logger.warn("BizException with error code:{},error message:{}",
e.getErrorCode(), e.getErrorMsg());
    }
    catch (SysException ex) {
        //系统异常使用 ERROR 级别
        log.error("System error" + ex.getMessage(), ex);
    }
    catch (Exception ex) {
        //兜底
        log.error("System error" + ex.getMessage(), ex);
    }
```

千万不要在业务处理内部到处使用 try/catch 打印错误日志,这样会使功能代码和业务代码缠绕在一起,让代码显得很凌乱,并且影响代码的可读性。

2. 错误码

错误码规范并没有统一的约定,错误码管理混乱会给后续的系统维护(特别是在理清系统业务脉络和问题定位上)带来很多麻烦。

错误码非常重要,一定要在系统搭建之初就制定好相应的规范,否则当系统上线后,系统的错误码已经对前端或者外部系统进行了透出,再重构的可能性就很小了。

不同的软件可以有不同的错误码规范策略,这里总结了以下两种方式。

(1)编号错误码

对于平台、底层系统或软件产品,可以采用编号式的编码规范,好处是编码风格固定,给人一种正式感;缺点是必须要配合文档才能理解错误码代表的意思。

例如,数据库软件 Oracle 中总共有 2000 多个异常,其编码规则是 ORA-00001~ORA-02149,每一个错误码都有对应的错误解释。

- ORA-00001:违反唯一约束条件。

- ORA-00017：请求会话以设置跟踪事件。

- ORA-00018：超出最大会话数。

- ORA-00019：超出最大会话许可数。

- ORA-00023：会话引用进程私用内存；无法分离会话。

- ORA-00024：单一进程模式下不允许从多个进程注册。

淘宝开放平台也采用类似的编码方式，0~100 表示平台解析错误，4 表示 User call limited（ISV 调用次数超限）。

另外要注意，对不同的错误波段，一定要预留足够的码号。例如，淘宝开放平台所用的 3 位数就显得有些拘谨，其支撑的错误数最多不能超过 100，超过 100 后，为了向后兼容，只能通过子错误码的方式进行变通处理。

（2）显性化错误码

大型分布式架构下的业务系统中，每个业务都由很多分布式服务组成，而且这些服务都提供给内部系统使用。在这种情况下，除了编号错误码之外，更推荐使用显性化的错误码。

显性化的错误码具有更强的灵活性，适合敏捷开发。例如，我们可以将错误码定义成 3 个部分：**类型+场景+自定义标识**。每个部分之间用下划线连接，内容以大驼峰的方式书写。这里可以打破 Java 的常量命名规范，驼峰方式会更方便阅读。

对于错误类型，我们可以做一个约定：P 代表参数异常（ParamException）、B 代表业务异常（BizException）、S 代表系统异常（SystemException）。一个完整的示例如表 2-1 所示。

表 2-1　错误码约定示例

错误类型	错误码约定	举　　　例
参数异常	P_XX_XX	P_Customer_NameIsNull: 客户姓名不能为空
业务异常	B_XX_XX	B_Customer_NameAlreadyExist: 客户姓名已存在
系统异常	S_XX_XX	S_Unknow_Error: 未知系统错误

如果业务应用的错误都用这种约定来描述和表达，那么只要大家都遵守相同的规范，系统的可维护性和可理解性就会大大提升。

2.4　埋点规范

做互联网产品，了解用户的行为和心智很重要。有一句话叫"业务数据化、数据业务化"，即业务要沉淀数据、数据要反哺业务。对于产品经理来说，要清楚用户的第一件事情是做什么、接着还会做什么、用户的轨迹和动线是怎样的。对于运营人员来说，要清楚一次活动带来了多少访问流量、转化率如何、通过不同渠道来的用户表现怎么样、最终这些用户有多少转化成了活跃用户。

以上这些需求都可以使用"埋点技术"实现，"埋点"对于互联网运营至关重要。开源的统计分析工具很多，较常用的有谷歌分析、百度统计和腾讯分析等。无论是开源的还是自研的统计分析工具，其数据处理过程大致可以分为 5 个阶段，如图 2-3 所示。

图 2-3　数据处理的 5 个阶段

埋点规范的价值在于确保被采集上来的数据能够被统计分析，类似协议的作用，因此埋点规范已不再是可有可无的选项，而是必须要遵守的协议。如果不按照规范要求设置埋点格式，数据就无法被使用，规范的内容与具体的实现方式有关。

在阿里巴巴有一个超级位置模型（Super Position Model，SPM）的埋点规范，用于统计分析各种场景的用户行为数据。比如，淘宝社区电商业务（xTao）为外部合作伙伴（外站）提供的一套跟踪引导成交效果数据的解决方案，其中就用到了 SPM。

例如，一个跟踪点击到宝贝详情页的引导成交效果数据的 SPM 示例，其导购链接为 http://天猫官网/item.htm?id=3716461318&&spm=2014.123456789.1.2。

其中，spm=2014.123456789.1.2 叫作 SPM 编码，是用于跟踪页面模块位置的编码，标准 SPM 编码由 4 段组成，采用 a.b.c.d 的格式。

- a 代表站点类型，对于 xTao 合作伙伴（外站），a 为固定值，a=2014。

- b 代表外站 ID（即外站所使用的 TOP appkey），比如你的站点使用的 TOP appkey=123456789，则 b=123456789。

- c 代表 b 站点上的频道 ID，比如外站某个团购频道、某个逛街频道、某个试用频道等。

- d 代表 c 频道上的页面 ID，比如某个团购详情页、某个宝贝详情页、某个试用详情页等。

通过基于这套规范采集的数据，我们可以利用 SPM 编码的不同层次来做不同维度的导购效果跟踪分析。

- 单独统计 spm 的 a 部分，我们可以知道某一类站点的访问和点击情况，以及后续引导和成交情况。

- 单独统计 spm 的 a.b 部分，我们可以评估某一个站点的访问和点击效果，以及后续引导和成交情况。

- 单独统计 spm 的 a.b.c 部分，我们可以评估某一个站点上某一频道的访问和点击效果，以及后续引导和成交情况。

- 单独统计 spm 的 a.b.c.d 部分，我们可以评估某一个频道上某一具体页面的点击效果，以及后续引导和成交情况。

2.5　架构规范

规范对于架构来说至关重要。从某种意义上来说，架构就是一组约束，遵从了这些约束，才能符合架构要求；反之，架构将失去意义。例如，你打算采用前后端分离的架构，但又不想遵守前后端分离的约束，允许部分的前端模板代码仍在后端维护，那么这个架构就失去了意义。

因此，我们在设计 COLA 应用架构时特别重视规范的设计。我们要求使用 COLA 架构的应用都遵循相同的分层原则、类似的模块化思想和分包机制。为此，我们把应用模板（基于 Maven Archetype 开发的应用脚手架）也作为 COLA 重要组成部分，更多内容可参考 12.3.3 节。

2.6　防止破窗

破窗效应（Broken Windows Theory）是犯罪心理学中一个著名的理论，由 James Q. Wilson 和 George L. Kelling 提出，刊于 *The Atlantic Monthly* 1982 年 3 月版中一篇题为 "Broken Windows" 的文章。此理论认为：

环境中的不良现象如果被放任存在，就会诱使人们仿效，甚至变本加厉。以一幢有少许破窗的建筑为例，如果破窗不被修理好，可能将会有破坏者破坏更多的窗户。最终，他们甚至会闯入建筑内，如果发现无人居住，也许就在那里定居或者纵火。一面墙，如果出现一些涂鸦而没有被清洗掉，那么很快，墙上就布满了乱七八糟、不堪入目的东西；一条人行道有些许纸屑，不久后就会有更多垃圾，最终人们会视若理所当然地将垃圾顺手丢弃在地上。这个现象，就是犯罪心理学中的"破窗效应"。

"第一扇破窗"常常是事情恶化的起点。

从"破窗效应"中我们可以得到这样一个道理：任何一种已存在的不良现象都在传递着一种信息，会导致不良现象无限扩展，同时必须高度警觉那些看起来是偶然的、个别的、轻微的"过错",如果对"过错"不闻不问、熟视无睹、反应迟钝或纠正不力,就会纵容更多的人"去打烂更多的窗户",极有可能演变成"千里之堤,溃于蚁穴"的恶果。

在软件工程中,"破窗效应"可谓是屡见不鲜。面对一个混乱的系统和一段杂乱无章的代码,后来人往往会加入更多的垃圾代码。这也凸显了规范和重构的价值。首先,我们要有一套规范,并尽量遵守规范,不要做"打破第一扇窗"的人;其次,发现有"破窗",要及时地修复,不要让事情进一步恶化。整洁的代码需要每个人的精心呵护,需要整个团队都具备一些工匠精神。

2.7 本章小结

混乱会造成复杂,有序会减少复杂度。制定规范是为了从无序走向有序,减少认知成本。在软件开发过程中,大到体系结构和应用架构规范,小到代码格式和空行的约定,都在一定程度上影响着系统的复杂程度。和命名一样,规范的有无,并不影响代码在机器中的解释执行,但是对系统的可理解性和代码的可读性却有着巨大的影响。

帮助技术团队制定规范,也是技术 Leader 和架构师的重要职责,一线的开发工程师不仅要参与到规范的制定中,更要做规范的坚定执行者和维护人,不做"打破窗户"的人。管理者在制定完规范之后,还要建立完善的代码审查(Code Review)机制,以便及时发现和修复"破窗"。

要记住,留给公司一个方便维护、整洁优雅的代码库,是我们技术人员的最高技术使命,也是我们对公司做出的最大技术贡献。

第 **3** 章
函数

把简单的事情做到极致，功到自然成，最终"止于至善"。

——秋山利辉《匠人精神》

函数作为程序中最小的、最重要的逻辑单元，其在软件开发中的重要性不言而喻。如果将数据比作一道菜，那么函数就是菜谱，程序员就是厨师。相同的菜，有不同的做法，由不同的厨师做出来，味道会截然不同。

自从面向对象技术出来以后，很多工程师们把精力更多放在了对象技术上，反而忽视了函数。实际上，面向对象和写好函数并不冲突，函数也是对象的重要组成部分。相比于面向对象技术体系的深奥，写好函数要容易得多。

本章将介绍一些写好函数的技艺，好的函数能够大大降低阅读代码的困难度，提升代码的可读性。在通往匠人的路上，写好函数必不可少。

3.1 什么是函数

函数（function）作为数学概念，最早由我国清朝数学家李善兰翻译，出自其著作《代数学》。之所以这么翻译，他给出的理由是"凡此变数中函彼变数者，则此为彼之函数"，即函数指一个量随着另一个量的变化而变化，或者说一个量中包含另一个量。

以 $f(x) = 2x + 1$ 为例，x 是自变量，当 $x=2$ 时，$f(x) = 5$，$f(x)$ 是 x 的函数。

3.2 软件中的函数

在计算机编程中，函数的作用和数学中的定义类似。函数是一组代码的集合，是程序中最小的功能模块，一次函数调用包括接收参数输入、数据处理、返回结果。同一个函数可以被一个或多个函数调用任意多次。

实际上，在软件体系中，关于函数有 3 个概念：子程序（Subroutine）、函数（Function）和方法（Method）。在不同的历史阶段，不同的编程语言对"函数"的解释和称呼会有所不同。其中，子程序是比较老的概念，现在基本已经不再用这个概念了；函数是最通用的叫法，特别是随着函数式编程、FaaS（Function as a Service）等概念的兴起，函数被提及得越来越多；方法则是面向对象语言中对函数的叫法。

在英语中，Function 一般代表函数式语言中的函数，而 Method 代表面向对象语言中的函数。但是在中文技术书籍中，将 Method 翻译成"方法"和"函数"的都有，我觉得两种译法都可以。在本书中，"函数"和"方法"都会被用到，在面向对象的语境下大多使用"方法"，其他场景会尽量使用"函数"。

3.3 封装判断

好的函数应该是清晰易懂的，我们先从一个简单又实用的函数重构技法说起。如果没有上下文，if 和 while 语句中的布尔逻辑就难以理解。如果把解释条件意图作为函数抽离出来，用函数名把判断条件的语义显性化地表达出来，就能立即提升代码的可读性和可理解性。

下面来看一个例子，在我们的 CRM 系统中，需要判断一个客户是否可以被业务员捡入自己的私海库[1]。原来的代码是这样写的：

```
if(customer.getCrmUserId().equals(NIL_VALUE)
        && customer.getCustomerGroup() != CustomerGroup.
CANCEL_ GROUP)
    {
        privateSea.pickUp(customer);
    }
```

在上述代码中，if 后面的判断条件令人十分费解，原因是缺少封装和合理的命名，我们可以用封装判断将其改写成：

```
if(canPickUpToPrivateSea())
    {
        privateSea.pickUp(customer);
    }

private boolean canPickUpToPrivateSea(){
    if(StringUtil.isBlank(this.getCrmUserId())){
        return false;
    }
    if(this.getCustomerGroup() == CustomerGroup.CANCEL_GROUP){
        return false;
    }
    return true;
}
```

不难发现，重构后的代码要更容易理解，因为通过封装判断，判断条件的业务语义被显性化地表达出来了，代码的可读性自然也好了很多。

3.4　函数参数

最理想的参数数量是零（零参数函数），其次是一（一元函数），再次是二（二元函数），应尽量避免三（三元函数）。有足够特殊的理由，才能用 3 个以上参数（多元函数）。当然凡事也不是绝对的，关键还是看场景，在程序设计中，一大忌讳就是教条。在某些场景下，两个参数可能比一个参数好。例如，Point p = new Piont(0 , 0);，两个参数就比一个参数要合理，坐标系中的点就应该有两个参数。如果看到 new Point(0)，我们会倍感惊讶。

---

[1] 私海库：CRM 中的业务概念，表示销售人员自己专属的客户资源库。
公海库：CRM 中的业务概念，表示所有销售人员共享的客户资源库。

总体上来说，参数越少，越容易理解，函数也越容易使用和测试，因为各种参数的不同组合的测试用例是一个笛卡儿积。如果函数需要 3 个以上参数，就说明其中一些参数应该封装为类了。例如，要绘制一条直线，可以用如下函数声明：

```
Line makeLine(double startX, double startY, double endX, double endY);
```

上述代码中的 X 和 Y 是作为一组概念被共同传递的，我们应该为这一组概念提供一个新的抽象，叫作 Point。这样将参数对象化之后，参数的个数减少了，表达上也更加清晰。

```
Line makeLine(Point start, Point end);

class Point{
    double x;
    double y;
}
```

3.5 短小的函数

Robert C. Martin 有一个信条：函数的第一规则是要短小，第二规则是要更短小。维护过遗留系统、受过超长函数折磨的读者应该深有体会，相比于 3000 行代码的"庞然大物"，肯定是更短小的函数更易于理解和维护。

有时保持代码的逻辑不变，只是把长方法改成多个短方法，代码的可读性就能提高很多。超长方法是典型的代码"坏味道"，对超长方法的结构化分解是提升代码可读性最有效的方式之一。

那么函数的代码行数多长才合适呢？

这没有一个绝对的量化标准，各团队可以有自己的标准，不同的开发语言可能会稍有不同。如果是 Java 语言，我建议一个方法不要超过 20 行代码，当我把这个规定作为团队代码审查的硬性指标后，发现代码质量得到了显著的改善。

3.6 职责单一

按照行数规定函数的长度是定量的做法，实际上，我更喜欢另一种定性的衡量方法，即**一个方法只做一件事情**，也就是函数级别的单一职责原则（Single Responsibility Principle，SRP）。

遵循 SRP 不仅可以提升代码的可读性，还能提升代码的可复用性。因为职责越单一，功能越内聚，就越有可能被复用，这和代码的行数没有直接的关联性，但是有间接的关联性。

通常，长方法意味着肯定需要拆分，需要用多个子函数的组合来进行更好的表达。然而短小的函数并不一定就意味着就不需要拆分，只要不满足 SRP，就值得进一步分解。哪怕分解后的子函数只有一行代码，只要有助于业务语义显性化的表达，就是值得的。

举例说明，下面是一个给员工发工资的简单方法：

```java
public void pay(List<Employee> employees){
    for (Employee e: employees){
        if(e.isPayDay()){
            Money pay = e.calculatePay();
            e.deliverPay(pay);
        }
    }
}
```

这段代码非常短小，但实际上做了 3 件事情：遍历所有雇员，检查是否该发工资，然后支付薪水。按照 SRP 的原则，以下面的方式改写更好：

```java
public void pay(List<Employee> employees){
    for (Employee e: employees){
        payIfNecessary(e);
    }
}

private void payIfNecessary(Employee e) {
    if(e.isPayDay()){
        calculateAndDeliverPay(e);
    }
}

private void calculateAndDeliverPay(Employee e) {
    Money pay = e.calculatePay();
```

```
        e.deliverPay(pay);
    }
```

虽然原来的方法并不复杂，但按照 SRP 分解后的代码显然更加容易让人读懂，这种拆分是有积极意义的。基本上，遵循 SRP 的函数都不会太长，再配上合理的命名，就不难得到我们想要的短小的函数。

3.7 精简辅助代码

所谓的辅助代码（Assistant Code），是程序运行中必不可少的代码，但又不是处理业务逻辑的核心代码，比如判空、打印日志、鉴权、降级和缓存检查等。这些代码往往会在多个函数中重复冗余，减少辅助代码可以让代码显得更加干净整洁，易于维护。

如果辅助代码太多，会极大地干扰代码的可读性，读这种代码会让人抓狂，摸不着头脑。因此，我们应该尽量减少辅助代码对业务代码的干扰。让函数中的代码能直观地体现业务逻辑，而不是让业务代码淹没在辅助代码中。

3.7.1 优化判空

空指针的发明人 Charles Antony Richard Hoare 曾表示对发明空指针的忏悔，说这是一个数十亿美元的错误。为了不抛出 NPE（Null Pointer Exception），我们经常可以看到 "if(obj == null) return;" 的代码，其本身并没有什么问题，也是为了代码的健壮性。只是这样的判空代码多了，会干扰阅读代码的流畅性。

下面来看一个简单的示例，假如我们要获取一个如下的稍有一定嵌套深度的属性值。

```
String isocode = user.getAddress(). getCountry(). getIsocode(). toUpperCase();
```

因为任何访问对象方法或属性的调用都可能导致 NPE，因此如果我们要确保不触发异常，就得在访问每一个值之前对其进行明确的检查：

```
    if (user != null) {
        Address address = user.getAddress();
        if (address != null) {
            Country country = address.getCountry();
            if (country != null) {
                String isocode = country.getIsocode();
                if (isocode != null) {
                    isocode = isocode.toUpperCase();
                }
            }
        }
    }
```

Java 8 引入了一个很有趣的特性——Optional 类。Optional 类主要解决的问题是"臭名昭著"的空指针异常。Optional 类是一个包含可选值的包装类，意味着 Optional 类既可以含有对象，也可以为空。使用 Java 8 的这个新特性和新语法，我们可以用 Optional 来代替冗长的 null 检查：

```
String isocode = Optional.ofNullable(user)
  .flatMap(User::getAddress)
  .flatMap(Address::getCountry)
  .map(Country::getIsocode)
  .orElse("default");
```

可以看到，新的写法比旧的判空方式在复杂度和简洁性上都提升了很多，简洁也是一种美。

3.7.2　优化缓存判断

缓存作为应用的重要基础设施，有着非常广泛的使用场景，我们先看一段查询商品信息的缓存实现代码：

```
public List<Product> getProducts(List<Long> productIds) {
        ...
        List<Product> products = new ArrayList(productIds.size());
        // 查询有哪些未命中的商品 ID
        List<Long> notHitIds = productIds.stream().filter(productId -> {
            String cacheKey = computeKey(productId);
            // 从缓存中进行查找
            Result<DataEntry> result = tairManager.get(namespace, cacheKey);
            if (!result.isSuccess()) {
                log.error(
                    String.format("tair get with key(%s) cause error:
%s", cacheKey, result.getRc().getMessage()));
                    return true;
```

```
            }
            if (ResultCode.DATANOTEXSITS.equals(result.getRc())) {
                return true;
            }
            Product product = result.getValue() == null ? null :
result. getValue().getValue();
            if(product == null) {
                return true;
            }
            products.add(product);
            return false;

        }).collect(Collectors.toList());
        // 未命中缓存的商品 ID 从 DB 中查找
        List<Product>productsFromDB = notHitIds.stream().map(productId
-> getProductsFromDb(productId)).collect(
                Collectors.toList());
        products.addAll(productsFromDB);
        ...
        return products;
    }
```

该方法的功能其实很简单，就是根据传入的 productId 集合批量查询 Product，由于实现逻辑中夹杂着缓存逻辑，所以整体代码显得臃肿，让人看着很不舒服。

实际上，我们完全可以自研一个缓存框架，使用注解（Annotation）来代替这些铅板代码（Boilerplate Code）。如果使用这种方式重构上面的代码，可以得到如下代码：

```
    @MultiCacheable(cacheNames ="product")
     public List<Product> getProducts(@CacheKeyList List<Long>
productIds, @CacheNotHit List<Long> notExistIds) {
            return notExistIds.stream().map(productId -> getProductsById
(productId). collect(Collectors.toList());
        }
```

可以看到，重构后的代码清晰了很多。而我们现在只需要关注业务逻辑本身，缓存这个技术细节的辅助代码被从业务逻辑中剥离出去，并进行统一维护，既减少了重复，又避免了和具体缓存实现的耦合，可谓是一举多得。

3.7.3 优雅降级

在分布式环境下，一个功能往往需要多个服务的协作才能完成。对于那些对可用性要求非常高的场景，有必要制定一个服务降级的策略，以便当其中一个服务不可用时，我们仍然能够对外提供服务。

针对上述问题，Spring Cloud Hystrix 为我们提供了一个非常优雅的解决方案。利用 Hystrix 提供的 API，我们可以使用注解的方式定义降级服务，从而不用在业务逻辑里面使用 try/catch 来做异常情况下的服务降级。一个典型的 Hystrix 的服务降级代码如下所示：

```
public class UserService {
    @Autowired
    private RestTemplate restTemplate;

    @HystrixCommand(fallbackMethod = "defaultUser")
    public User getUserById(Long id){
        return restTemplate.getForObject("http://USER-SERVICE/users/{1}",
User.class, id);
    }

    //在远程服务不可用时，使用降级方法: defaultUser
    public User defaultUser(){
        return new User();
    }
}
```

3.8　组合函数模式

组合函数模式（Composed Method Pattern）出自 Kent Beck 的 *Smalltalk Best Practice Patterns* 一书，是一个非常容易理解上手、实用，对代码可读性和可维护性起到立竿见影效果的编程原则。

组合函数要求所有的公有函数（入口函数）读起来像一系列执行步骤的概要，而这些步骤的真正实现细节是在私有函数里面。组合函数有助于代码保持精炼并易于复用。阅读这样的代码就像在看一本书，入口函数是目录，目录的内容指向各自的私有函数，而具体的内容是在私有函数里实现的。

每次我在做代码审查的时候，都可以发现能够用组合函数进行重构改善的代码。在开源软件中，也时常可以看到利用组合函数优化代码的例子。

以 Spring 中 BeanUtils 的 copyProperties 函数为例，它要实现的功能是将一个 source 类的中字段复制到 target 类中。在 Spring 中，其实现代码如下：

```java
public static void copyProperties(Object source, Object target, Class
<?> editable, String... ignoreProperties)
            throws BeansException {

        Assert.notNull(source, "Source must not be null");
        Assert.notNull(target, "Target must not be null");

        Class<?> actualEditable = target.getClass();
        if (editable != null) {
            if (!editable.isInstance(target)) {
                throw new IllegalArgumentException("Target class [" +
target.getClass().getName() +"] not assignable to Editable class [" + editable.
getName() + "]");
            }
            actualEditable = editable;
        }
        PropertyDescriptor[] targetPds = getPropertyDescriptors(actual
Editable);
        List<String> ignoreList = (ignoreProperties != null ? Arrays.
asList(ignoreProperties) : null);

        for (PropertyDescriptor targetPd : targetPds) {
            Method writeMethod = targetPd.getWriteMethod();
            if (writeMethod != null && (ignoreList == null || !ignoreList.
contains(targetPd.getName()))) {
                PropertyDescriptor sourcePd = getPropertyDescriptor
(source.getClass(), targetPd.getName());
                if (sourcePd != null) {
                    Method readMethod = sourcePd.getReadMethod();
                    if (readMethod != null &&
                        ClassUtils.isAssignable(writeMethod.getPar
ameterTypes()[0], readMethod.getReturnType())) {
                        try {
                            if (!Modifier.isPublic(readMethod.
getDeclaringClass().getModifiers())) {
                                readMethod.setAccessible(true);
                            }
                            Object value = readMethod.invoke(source);
                            if (!Modifier.isPublic(writeMethod.
getDeclaringClass(). getModifiers())) {
                                writeMethod.setAccessible(true);
                            }
                            writeMethod.invoke(target, value);
                        }
                        catch (Throwable ex) {
                            throw new FatalBeanException(
                                "Could not copy property '" +
targetPd. getName() + "' from source to target", ex);
                        }
                    }
```

```
            }
        }
    }
}
```

很明显，上述代码实现中的函数过长，全是细节的平铺，不够直观。我们可以按照组合函数的方式对其进行重构，经过分析，不难发现这个函数做了两件事：一是"判断能不能 copy"，二是"执行 copy"。因此，入口函数可以拆分成如下两个步骤：

```
    private static void copyProperties(Object source, Object target,
Class<?> editable, String... ignoreProperties){
        checkSourceAndTarget(source, target, editable);
        copySourceToTarget(source,getPropertyDescriptors(actualEditable));
    }
```

再看看具体的 copy 过程，也就是逐个把字段（property）相同的值进行复制，实际上做了下面 4 件事情。

（1）从 target 获取 writeMethod。

（2）从 source 获取对应的 readMethod。

（3）判断是否可以 copy。

（4）执行 copy。

按照上面的拆解，我们可以将 copySourceToTarget() 进一步分解如下：

```
    private static void copySourceToTarget(Object source, PropertyDesc
riptor[] targetPds) {
        for (PropertyDescriptor targetPd : targetPds) {
            copyProperty(source, targetPd);
        }
    }

    private static void copyProperty(Object source, PropertyDescriptor
 targetPd) {
        Method writeMethod = getWriteMethodFromTarget(targetPd);
        Method readMethod = getReadMethodFromSource(source, targetPd);
        if (canCopy(writeMethod, readMethod)) {
            doRealCopy(source, targetPd, writeMethod, readMethod);
        }
    }

    private static boolean canCopy(Method writeMethod, Method readMethod){
        return readMethod != null &&
```

```
                ClassUtils.isAssignable(writeMethod.getParameterTypes()
[0], readMethod.getReturnType());
    }

    private static Method getWriteMethodFromTarget(PropertyDescriptor
targetPd){
        return targetPd.getWriteMethod();
    }

    private static Method getReadMethodFromSource(Object source,
PropertyDescriptor targetPd){
        PropertyDescriptor sourcePd = getPropertyDescriptor(source.get
Class(), targetPd.getName());
        if(sourcePd == null){
            return null;
        }
        return sourcePd.getReadMethod();
    }

    private static void doRealCopy(Object source, PropertyDescriptor
targetPd, Method writeMethod, Method readMethod) {
    }
```

可以看到，重构后的代码相比重构前的代码，无论是在可读性还是可理解性上，都提升了很多。

类似的案例还有很多，而且并不会涉及什么高深的思想，只要我们愿意，很多时候只需要多做一点点，就可以写出更好的代码，这也是"工匠精神"的一种体现。

就像 Kent Beck 说的："我不是一个伟大的程序员，只是习惯比较好而已。"只有养成精益求精、追求卓越的习惯，才能保持精进，写出好的代码。

3.9 SLAP

抽象层次一致性（Single Level of Abstation Principle，SLAP），是和组合函数密切相关的一个原则。组合函数要求将一个大函数拆成多个子函数的组合，而 SLAP 要求函数体中的内容必须在同一个抽象层次上。如果高层次抽象和底层细节杂糅在一起，就会显得凌乱，难以理解。

举个例子，假如有一个冲泡咖啡的原始需求，其制作咖啡的过程分为3步。

（1）倒入咖啡粉。

（2）加入沸水。

（3）搅拌。

其伪代码（pseudo code）如下：

```
public void makeCoffee() {
    pourCoffeePowder();
    pourWater();
    stir();
}
```

如果要加入新的需求，比如需要允许选择不同的咖啡粉，以及选择不同的风味，那么代码就会变成这样：

```
public void makeCoffee(boolean isMilkCoffee, boolean isSweetTooth,
CoffeeType type) {
        //选择咖啡粉
    if (type == CAPPUCCINO) {
        pourCappuccinoPowder();
    }
    else if (type == BLACK) {
        pourBlackPowder();
    }
    else if (type == MOCHA) {
        pourMochaPowder();
    }
    else if (type == LATTE) {
        pourLattePowder();
    }
    else if (type == ESPRESSO) {
        pourEspressoPowder();
    }
    //加入沸水
    pourWater();
    //选择口味
    if (isMilkCoffee) {
        pourMilk();
    }
    if (isSweetTooth) {
        addSugar();
    }
    //搅拌
    stir();
}
```

如果继续有更多的需求加入，那么代码会进一步恶化，最后变成一个谁也看不懂且难以维护的逻辑迷宫。

再回看上面的代码，新需求的引入当然是根本原因。但除此之外，另一个原因是新代码已经不再满足 SLAP 了。具体选择用什么样的咖啡粉是倒入咖啡粉这个步骤应该去考虑的实现细节，和主流程步骤不在一个抽象层次上。同理，加奶和加糖也是实现细节。

因此，在引入新需求以后，制作咖啡的主要步骤从原来的 3 步变成了 4 步。

（1）倒入咖啡粉，会有不同的选择。

（2）加入沸水。

（3）调味，根据需求加糖或加奶。

（4）搅拌。

按照组合函数和 SLAP 原则，我们要在入口函数中只显示业务处理的主要步骤。具体的实现细节通过私有方法进行封装，并通过抽象层次一致性来保证，一个函数中的抽象在同一个水平上，而不是高层抽象和实现细节混杂在一起。

根据 SLAP 原则，我们可以将代码重构为：

```java
public void makeCoffee(boolean isMilkCoffee, boolean isSweetTooth,
CoffeeType type) {
        //选择咖啡粉
        pourCoffeePowder(type);
        //加入沸水
        pourWater();
        //选择口味
        flavor(isMilkCoffee, isSweetTooth);
        //搅拌
        stir();
    }

private void flavor(boolean isMilkCoffee, boolean isSweetTooth) {
    if (isMilkCoffee) {
        pourMilk();
```

```
        }
        if (isSweetTooth) {
            addSugar();
        }
    }

    private void pourCoffeePowder(CoffeeType type) {
        if (type == CAPPUCCINO) {
            pourCappuccinoPowder();
        }
        else if (type == BLACK) {
            pourBlackPowder();
        }
        else if (type == MOCHA) {
            pourMochaPowder();
        }
        else if (type == LATTE) {
            pourLattePowder();
        }
        else if (type == ESPRESSO) {
            pourEspressoPowder();
        }
    }
```

重构后的 makeCoffee() 又重新变得整洁如初了，满足 SLAP 实际上是构筑了代码结构的金字塔。金字塔结构是一种自上而下的，符合人类思维逻辑的表达方式。关于金字塔原理的更多内容，请参考 8.5.3 节。

在构筑金字塔的过程中，要求金字塔的每一层要属于同一个逻辑范畴、同一个抽象层次。在这一点上，金字塔原理和 SLAP 是相通的，世界就是如此奇妙，很多道理在不同的领域同样适用。

上面列举了 Spring 源码中的一个 "坏味道"，接下来我们来看 Spring 的 "好味道"。在 Spring 中，做上下文初始化的核心类 AbstractApplicationContext 的 refresh() 函数为我们在遵循 SLAP 方面做了一个很好的示范。

```
public void refresh() throws BeansException, IllegalStateException {
    synchronized (this.startupShutdownMonitor) {
        // Prepare this context for refreshing.
        prepareRefresh();

        // Tell the subclass to refresh the internal bean factory.
```

```
        ConfigurableListableBeanFactory beanFactory =
obtainFreshBeanFactory();

        // Prepare the bean factory for use in this context.
        prepareBeanFactory(beanFactory);

        try {
            // Allows post-processing of the bean factory in
context subclasses.
            postProcessBeanFactory(beanFactory);

            // Invoke factory processors registered as beans in
the context.
            invokeBeanFactoryPostProcessors(beanFactory);

            // Register bean processors that intercept bean
creation.
            registerBeanPostProcessors(beanFactory);

            // Initialize message source for this context.
            initMessageSource();

            // Initialize event multicaster for this context.
            initApplicationEventMulticaster();

            // Initialize other special beans in specific context
subclasses.
            onRefresh();

            // Check for listener beans and register them.
            registerListeners();

            // Instantiate all remaining(non-lazy-init)singletons.
            finishBeanFactoryInitialization(beanFactory);

            // Last step: publish corresponding event.
            finishRefresh();
        }

        catch (BeansException ex) {
            // Destroy already created singletons to avoid dangling
resources.
            destroyBeans();

            // Reset 'active' flag.
            cancelRefresh(ex);

            // Propagate exception to caller.
            throw ex;
        }

        finally {
            // Reset common introspection caches in Spring's core,
            // since we might not ever need metadata for singleton
```

```
                        // beans anymore...
                        resetCommonCaches();
                }
            }
        }
```

试想，如果上面的代码逻辑不是这样写，而是平铺在 refresh()函数中，结果会是怎样？

3.10　函数式编程

函数式编程和面向对象编程并没有本质上的区别。在函数式编程中，函数不仅可以调用函数，也可以作为参数被其他函数调用。从这个角度看，对象在作为值被传递时，也是对业务逻辑的封装，只不过它不仅包含函数，还包含属性。

函数式和面向对象的差异更多体现在编程风格上。函数式的风格在某些场景下可以让代码变得更加简洁、优雅，这也是 Java 8 要引入函数式的原因。在 Java 8 之前，"值"是非常重要的，因为编程语言的整个目的就在于操作值，参数传递只有值传递（包括原始对象和引用对象的值）。在 Java 8 之后，Java 需要同样重视"函数"。

函数式编程中最重要的特征之一，就是你可以把函数（你的代码）作为参数传递给另一个函数。为什么这个功能很重要呢？主要有以下两个原因。

● 减少冗余代码，让代码更简洁、可读性更好。

● 函数是"无副作用"的，即没有对共享的可变数据操作，可以利用多核并行处理，而不用担心线程安全问题。

例如，同样是实现 String 到 Integer 转化的功能，按照代码冗余程度排序，经典类大于匿名类，匿名类大于 Lamda（匿名函数），Lamda 大于方法引用。接下来，我们分别来看 4 种不同方式的代码实现。

（1）经典类实现。

```
//经典类
Function<String, Integer> strToIntClass = new StrToIntClass();

public static class StrToIntClass implements Function<String,
Integer>{
    @Override
    public Integer apply(String s) {
        return Integer.parseInt(s);
    }
}
```

（2）匿名类实现。

```
//匿名类
Function<String, Integer>  strToIntAnanymousClass = new Function
<String, Integer>(){
        @Override
        public Integer apply(String s) {
            return Integer.parseInt(s);
        }
};
```

（3）Lamda 实现。

```
//Lamda
Function<String, Integer> strToIntLammda =s-> Integer.parseInt(s);
```

（4）方法引用实现。

```
//方法引用
Function<String,Integer>strToIntMethodRefrence=Integer::parseInt;
```

可以明显地看到，函数式编程的代码量更少，实现上更优雅、简洁。简洁也是控制复杂度的重要手段之一。

3.11 本章小结

函数是软件系统中的核心要素，无论采用哪种编程范式和编程语言，程序逻辑都是写在函数中的，因此编写好函数是编写好代码的基础。一个系统容易腐化的部分正是函数，不解决函数的复杂性，就很难解决系统的复杂性。

虽然函数不像面向对象技术那么复杂，但要写好函数也不是一件容易的事。在本章中，我们从函数参数、函数职责、函数写法（短小、优化判空和优化缓存等）、函数抽象（组合模式、SLAP），到函数式的代码风格，介绍了如何写好一个函数，怎样让函数更易于理解、更加简洁。掌握了这些技艺，有助于我们写出更好的函数。

第 *4* 章

设计原则

> 每个人都有义务捍卫、遵守或完善原则。原则可以修正，但是不能肆
> 意妄为。
>
> ——瑞·达利欧《原则》

所谓原则，就是一套前人通过经验总结出来的，可以有效解决问题的指导思想和方法论。遵从原则，可以事半功倍；反之，则有可能带来麻烦。

在软件设计领域中，有很多这样的原则，遵从这些设计原则可以有效地指导我们设计出更灵活、易于扩展和维护的软件系统。需要注意的是，和其他道理一样，原则并非是形而上学的静态客观真理，不是说每一个设计都要教条地遵守每一个原则，而是要根据具体情况进行权衡和取舍。

4.1 SOLID 概览

SOLID 是 5 个设计原则开头字母的缩写，其本身就有"稳定的"的意思，寓意是"遵从 SOLID 原则可以建立稳定、灵活、健壮的系统"。5 个原则分别如下。

- Single Responsibility Principle（SRP）：单一职责原则。

- Open Close Principle（OCP）：开闭原则。

- Liskov Substitution Principle（LSP）：里氏替换原则。

- Interface Segregation Principle（ISP）：接口隔离原则。

- Dependency Inversion Principle（DIP）：依赖倒置原则。

SOLID 最早由 Robert C. Martin 在 2000 年的论文"Design Principles and Design Patterns"中引入。在 2004 年前后，Michael Feathers 提醒 Martin 可以调整一下这些原则的顺序，那么它们的首字母的缩写就可以排列成 SOLID。这个新名字的确促进了 SOLID 思想的传播，再一次证明了命名的重要性。

SOLID 原则之间并不是相互孤立的，彼此间存在着一定关联，一个原则可以是另一个原则的加强或基础；违反其中的某一个原则，可能同时违反了其他原则。其中，开闭原则和里氏代换原则是设计目标；单一职责原则、接口分隔原则和依赖倒置原则是设计方法。

4.2 SRP

任何一个软件模块中，应该有且只有一个被修改的原因。

SRP 要求每个软件模块职责要单一，衡量标准是模块是否只有一个被修改的原因。职责越单一，被修改的原因就越少，模块的内聚性（Cohesion）就越高，被复用的可能性就越大，也更容易被理解。

例如，有一个 Rectangle 类（如图 4-1 所示），该类包含两个方法，一个方法用于把矩形绘制在屏幕上，另一个方法用于计算矩形的面积。

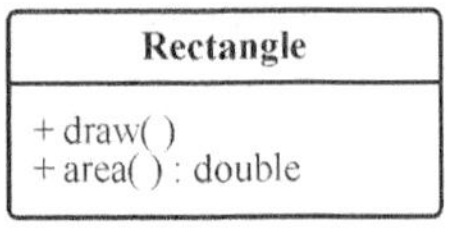

图 4-1 Rectangle 类

按照 SRP 的定义，Rectangle 类是违反了 SRP 原则的。因为 Rectangle 类具有至少两个职责，不管是改变绘制逻辑，还是面积计算逻辑，都要改动 Rectangle 类。

为了遵从 SRP 原则，我们需要把两个职责分离出来，放在两个不同的类中，这样就可以互相不影响了。最简单的解决方案是将数据与函数分离，如图 4-2 所示。设计两个用来做逻辑处理的类，每个类只包含与之相关的函数代码，互相不可见，这样就不存在互相依赖的情况了。

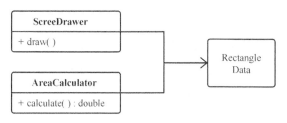

图 4-2　数据和函数分离

上面的方式有点"贫血"模式的味道。我们也可以采用面向对象的做法，把重要的业务逻辑与数据放在一起，然后用 Rectangle 类来调用其他没那么重要的函数，如图 4-3 所示。

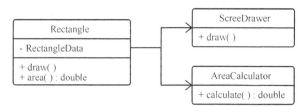

图 4-3　业务逻辑和数据在一起

另外，SRP 不仅在模块和类级别适用，在函数级别同样适用，3.6 节中已经介绍了如何做到函数级别的 SRP。

4.3　OCP

软件实体应该对扩展开放，对修改关闭。

对扩展开放，意味着有新的需求或变化时，可以对现有代码进行扩展，以适应新的情况。对修改关闭，意味着类一旦设计完成，就可以独立完成工作，而不要对其进行任何修改。

为什么OCP这么重要？因为可扩展性是我们衡量软件质量的一个重要指标。在软件的生命周期内，更改是难免的，如果有一种方案既可以扩展软件功能，又可以不修改原代码，那是我们梦寐以求的。因为不修改就意味着不影响现有业务，新增的代码不会对既有业务产生影响，也就不会引发漏洞。

在面向对象设计中，我们通常通过继承和多态来实现 OCP，即封装不变部分。对于需要变化的部分，通过接口继承实现的方式来实现"开放"。因此，区别面向过程语言和面向对象语言最重要的标志就是看它是否支持多态。

实际上，很多的设计模式都以达到 OCP 目标为目的。例如，装饰者模式，可以在不改变被装饰对象的情况下，通过包装（Wrap）一个新类来扩展功能；策略模式，通过制定一个策略接口，让不同的策略实现成为可能；适配器模式，在不改变原有类的基础上，让其适配（Adapt）新的功能；观察者模式，可以灵活地添加或删除观察者（Listener）来扩展系统的功能。

当然，要想做到绝对地"不修改"是比较理想主义的。因为业务是不确定的，没有谁可以预测到所有的扩展点，因此这里需要一定的权衡，如果提前做过多的"大设计"，可能会犯 YAGNI（You Ain't Gonna Need It）的错误。

4.4　LSP

程序中的父类型都应该可以正确地被子类型替换。

里氏替换原则由 2008 年图灵奖得主、美国第一位计算机科学女博士 Barbara Liskov 教授和卡内基·梅隆大学的 Jeannette Wing 教授于 1994 年提出。

LSP 认为"程序中的对象应该是可以在不改变程序正确性的前提下被

它的子类所替换的”，即子类应该可以替换任何基类能够出现的地方，并且经过替换后，代码还能正常工作。

根据 LSP 的定义，如果在程序中出现使用 instanceof、强制类型转换或者函数覆盖，很可能意味着是对 LSP 的破坏。

4.4.1　警惕 instanceof

如果我们发现代码中有需要通过强制类型转换才能使用子类函数的情况，或者要通过 instanceof 判断子类类型的地方，那么都有不满足 LSP 的嫌疑。

出现这种情况的原因是子类使用的函数没有在父类中声明。在程序中，通常使用父类来进行定义，如果一个函数只存在子类中，在父类中不提供相应的声明，则无法在以父类定义的对象中使用该函数。

可以通过**提升抽象层次**来解决此问题，也就是将子类中的特有函数用一种更抽象、通用的方式在父类中进行声明。这样在使用父类的地方，就可以透明地使用子类进行替换了，具体做法请参考 8.5.2 节。

4.4.2　子类覆盖父类函数

子类方法覆盖（Override）了父类方法，并且改变了其含义。这样在做里氏替换时，就会出现意想不到的问题。

在软件中将一个基类对象替换成它的子类对象，程序将不会产生任何错误和异常，反之，则不成立。如果一个软件实体使用的是一个子类对象，那么它不一定能够使用基类对象。例如，我喜欢动物，那我一定喜欢狗，因为狗是动物的子类；但是我喜欢狗，不能据此断定我喜欢动物，因为我并不喜欢老鼠，虽然它也是动物。

有时，现实世界中“is-a”的关系，在软件设计中不一定适合使用继

承关系。好的继承应该是子类可以替换任何父类出现的地方，而不出现问
题。如果两个实体有内在的 "is-a" 的关系，但是在外在行为上表现并不
一致，我们就需要警惕继承在此是不是最合适的了。

例如，正方形是一个矩形，但是如果你把正方形设计成矩形的子类，
就会出现一些意想不到的问题。以计算面积为例，矩形是 a 乘以 b，而正
方形是 a 的平方，它们在含义上是有区别的。

假如 Rectangle 类是如下形式：

```java
public class Rectangle {
    protected int width;
    protected int height;

    public void setWidth(int width) {
        this.width = width;
    }

    public void setHeight(int height) {
        this.height = height;
    }

    public int area(){
        return width * height;
    }
}
```

现在我们想要用 Square 去继承 Rectangle，并且复用其计算面积的方法。
为了适配 Rectangle 的行为，我们可以在 Square 做 set 操作时做一些判断，
如果不符合正方形的定义，则抛出异常，其代码如下：

```java
public class Square extends Rectangle {

    @Override
    public void setWidth(int width){
        throw new RuntimeException("setWidth is not available for
Square");
    }

    @Override
    public void setHeight(int height){
        throw new RuntimeException("setHeight is not available for
```

Square");
            }

            public void setLength(int length){
                this.width = this.height = length;
            }
        }

这样的设计实际上破坏了 LSP 原则，因为在 Retangle 出现的地方使用 Square 进行替换，就会抛出异常。实际上，这也是一个著名的设计问题——正方形-矩形问题（Square-rectangle Problem），有兴趣的读者可以探索更多解法。

4.5 ISP

多个特定客户端接口要好于一个宽泛用途的接口。

接口隔离原则认为不能强迫用户去依赖那些他们不使用的接口。换句话说，使用多个专门的接口比使用单一的总接口要好。

我们先分别来看不遵循 ISP（见图 4-4）和遵循 ISP（见图 4-5）。

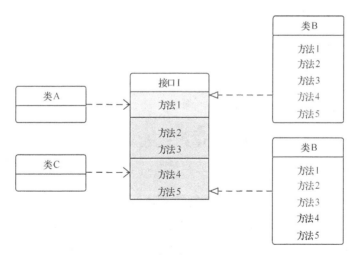

图 4-4　未遵循 ISP 的示例

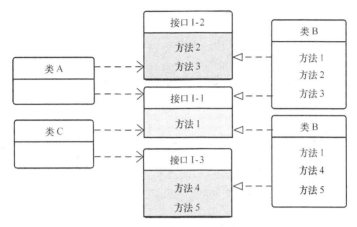

图 4-5　遵循 ISP 的示例

对比二者可以发现，遵循 ISP 的做法，在依赖关系和语义的表达上会更加精确。类 A 不需要用到"方法 4"和"方法 5"，就可以选择不依赖他们。

在做接口拆分时，我们也要满足单一职责原则，让一个接口的职责尽量单一，而不是像图 4-4 中那样无所不包。满足 ISP 之后，最大的好处是可以将外部依赖减到最少。你只需要依赖你需要的东西，这样可以降低模块之间的耦合（Couple）。

4.6　DIP

模块之间交互应该依赖抽象，而非实现。

DIP 要求高层模块不应该依赖于低层模块，二者都应该依赖于抽象。抽象不应该依赖细节，细节应该依赖抽象。

类不是孤立的，一个类需要依赖于其他类来协作完成工作。但是这种依赖不应该是特定的具体实现，而应该依赖抽象。也就是我们通常所说的要"面向接口编程"。然而"面向接口编程"只是实现 DIP 的一个技法，DIP 本身的意义要宽泛得多，它是一种思想，是一种软件设计的哲学。

这个原则实在是太重要了，社会化分工协作在某种意义上也是在遵从 DIP。例如，一个生产计算机主板的公司，其显卡插槽肯定是按照业界标准接口（共同抽象）来设计的，而不会设计成只支持某个特定公司的显卡。这样，只要主板公司和显卡公司都依赖同一个抽象（显卡接口协议），就能实现互通了。

遵循 DIP 会大大提高系统的灵活性。如果类只关心它们用于支持的特定契约，而不是特定类型的组件，就可以快速而轻松地修改这些低级服务的功能，同时最大限度地降低对系统其余部分的影响。

例如，在 Java 应用中使用 Logger 框架有很多选择，比如 log4j、logback、common logging 等。每个 Logger 的 API 和用法都稍有不同，有的需要用 isLoggable() 来进行预判断，以便提高性能，有的则不需要。如果要切换不同的 Logger 框架，会非常复杂，可能要改动很多地方。产生这些问题的原因是我们直接依赖了 Logger 框架，应用和 Logger 框架强耦合在一起了。

我曾维护过的一个阿里巴巴的交易系统，其中就有非常复杂的 Logger 依赖关系，如图 4-6 所示。

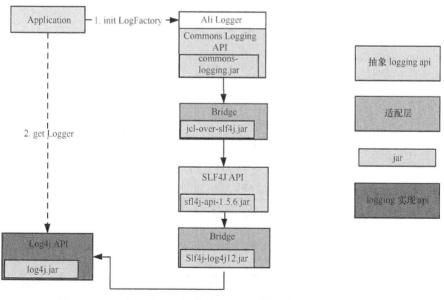

图 4-6　复杂的 Logger 依赖关系

导致这种复杂依赖的根源，是引用直接依赖了 Logger 框架（见图 4-7），导致后续的 Logger 框架升级必须要保持向后兼容，最终形成了图 4-6 中复杂的依赖关系。

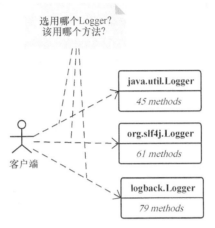

图 4-7　直接依赖 Logger

实际上，只要遵循依赖倒置原则（如图 4-8 所示），这类问题就会很容易解决。依赖倒置，就是要反转依赖的方向，让原来紧耦合的依赖关系得以解耦，这样依赖方和被依赖方都有更高的灵活度。

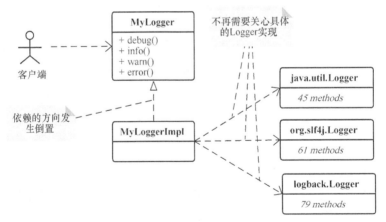

图 4-8　依赖倒置后的 Logger 依赖

所以我强烈建议所有的业务系统都应该有这样一个 Logger 抽象，来屏蔽对具体 Logger 框架的依赖。这也是为什么我们要在 COLA 中引入新的

Logger 抽象，目的就是要和具体的 Logger 框架进行解耦。

除了组件级别的 DIP，在架构层面，DIP 同样有着重要的指导意义。例如，在 COLA 架构中，领域层不应该直接依赖基础设施层，它们之间的解耦就是通过 DIP 完成的。关于领域层的设计的内容，可以参考 7.8.3 节和 12.3 节。

4.7 DRY

DRY 是 Don't Repeat Yourself 的缩写，DRY 原则特指在程序设计和计算中避免重复代码，因为这样会降低代码的灵活性和简洁性，并且可能导致代码之间的矛盾。DRY 是 Andy Hunt 和 Dave Thomas 在 *The Pragmatic Programmer* 一书中提出的核心原则。

系统的每一个功能都应该有唯一的实现。也就是说，如果多次遇到同样的问题，就应该抽象出一个共同的解决方法，不要重复开发同样的功能。在 8.5.1 节中，我们通过创建缺失的抽象来消除重复代码，就是一个很好的 DRY 案例。

贯彻 DRY 可以让我们避免陷入"散弹式修改（Shotgun Surgery）"的麻烦，"散弹式修改"是 Robert Martin 在《重构》一书中列出的一个典型代码"坏味道"，由于代码重复而导致一个小小的改动，会牵扯很多地方。

4.8 YAGNI

YAGNI（You Ain't Gonna Need It）的意思是"你不会需要它"，出自 Ron Jeffries 的 *Extreme Programming Installed* 一书。

YAGNI 是针对"大设计"（Big Design）提出来的，是"极限编程"提倡的原则，是指你自以为有用的功能，实际上都是用不到的。因此，除了核心的功能之外，其他的功能一概不要提前设计，这样可以大大加快开发进程。它背后的指导思想就是尽可能快、尽可能简单地让软件运行起来。

但是，这里出现了一个问题。仔细推敲，你会发现 DRY 原则和 YAGNI 原则是不兼容的。前者追求"抽象化"，要求找到通用的解决方法；后者追求"快和省"，意味着不要把精力放在抽象化上面，因为很可能"你不会需要它"。因此，就有了 Rule of Three 原则。

4.9　Rule of Three

Rule of Three 也被称为"三次原则"，是指当某个功能第三次出现时，就有必要进行"抽象化"了。这也是软件大师 Martin Fowler 在《重构》一书中提出的思想。

三次原则指导我们可以通过以下步骤来写代码。

（1）第一次用到某个功能时，写一个特定的解决方法。

（2）第二次又用到的时候，复制上一次的代码。

（3）第三次出现的时候，才着手"抽象化"，写出通用的解决方法。

这 3 个步骤是对 DRY 原则和 YAGNI 原则的折中，是代码冗余和开发成本的平衡点。同时也提醒我们反思，是否做了很多无用的超前设计、代码是否开始出现冗余、是否要重新设计。软件设计本身就是一个平衡的艺术，我们既反对过度设计（Over Design），也绝对不赞成无设计（No Design）。

4.10　KISS 原则

KISS（Keep It Simple and Stupid）最早由 Robert S. Kaplan 在著名的平衡计分卡理论中提出。他认为把事情变复杂很简单，把事情变简单很复杂。好的目标不是越复杂越好，反而是越简洁越好。

KISS 原则被运用到软件设计领域中，常常会被误解，这成了很多没有设计能力的工程人员的挡箭牌。在此，我们一定要理解"简单"和"简陋"的区别。

真正的"简单"绝不是毫无设计感，上来就写代码，而是"宝剑锋从磨砺出"，亮剑的时候犹如一道华丽的闪电，背后却有着大量的艰辛和积累。真正的简单，不是不思考，而是先发散、再收敛。在纷繁复杂中，把握问题的核心。

4.11 POLA 原则

POLA（Principle of least astonishment）是最小惊奇原则，写代码不是写侦探小说，要的是简单易懂，而不是时不时冒出个"Surprise"。

在《复杂》一书的第 7 章"度量复杂性"中，就阐述了用"惊奇度"来度量复杂度的方法，"惊奇度"越高，复杂性越大，这也是侦探小说要比一般小说更"烧脑"的原因。

如何减少"惊奇"呢？首要的当然是规范和标准。在第 2 章中，我们已经讨论了大量的代码规范和设计规范，给出了可落地实施的案例。

4.12 本章小结

本章介绍的设计原则能够指导我们编写出更好的代码。但还是那句话，不要教条，软件是一种平衡的艺术。要清楚一点，我们不是为了满足这些原则而工作的，原则只是背后的指导思想。我们的目的是构建可用的软件系统，并尽量减少系统的复杂度。在不能满足所有原则时，要懂得适当取舍。

第5章

设计模式

利用模式，我们可以让一个解决方案重复使用，而不是重复造轮子。

（With patterns, you can use the solution a million times over, without ever doing it the same way twice.）

——克里斯托佛·亚历山大

设计模式（Design Pattern）是一套代码设计经验的总结，并且该经验必须能被反复使用，被多数人认可和知晓。设计模式描述了在软件设计过程中的一些不断重复发生的问题，以及该问题的解决方案，具有一定的普遍性，可以反复使用。其目的是提高代码的可重用性、可读性和可靠性。

设计模式的本质是面向对象设计原则的实际运用，是对类的封装性、继承性和多态性，以及类的关联关系和组合关系的充分理解。正确使用设计模式，可以提高程序员的思维能力、编程能力和设计能力，使程序设计更加标准化、代码编制更加工程化，从而大大提高软件开发效率。

5.1 模式

所谓模式，就是得到很好的研究的范例。设计模式，就是设计范例。《孙子兵法》中充斥着各种模式，"置之死地而后生"是战争模式；"三十六计"条条都是模式，比如"走为上"和"空城计"都是战争模式。

每一个模式都有典型意义，具有学习价值。通过研究这些模式，学习者可以相互交流，在自己的实践中举一反三、推陈出新，并加以应用。

模式不是框架（Framework），也不是过程。模式不是简单的"问题的解决方案"，必须是典型问题的解决方案，是可以让学习者举一反三的，是理论和实践之间的中介环节。模式具有一般性、简单性、重复性、结构性、稳定性和可操作性等特征。

模式不能套用，必须结合具体情况和上下文（Context）使用。不要以为在任何一个系统中都要使用某些设计模式。系统的设计模式也不是含有设计模式就好，更不是含有越多的设计模式就越好。

就像我对团队的要求，每个人都必须牢牢掌握常用设计模式的用法，要做到"知道"，但不要滥用。

5.2 GoF

提到设计模式，就一定会提到"四人组"（Gang of Four, GoF）。1995年，Erich Gamma、Richard Helm、Ralph Johnson 和 John Vlissides 合作出版了《设计模式：可复用面向对象软件的基础》（*Design Patterns: Elements of Reusable Object-Oriented Software*）一书，书中收录了 23 个设计模式。这是设计模式领域的里程碑事件，实现了软件设计模式的突破。这 4 位作者在软件开发领域里也被著称为"四人组"，如图 5-1 所示。

图 5-1 设计模式四人组

根据模式所完成的工作类型来划分，模式可分为创建型模式、结构型模式和行为型模式，如图 5-2 所示。

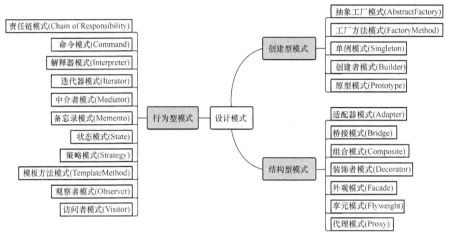

图 5-2 设计模式分类

（1）创建型模式：用于描述"怎样创建对象"，主要特点是"将对象的创建与使用分离"。GoF 中提供了单例、原型、工厂方法、抽象工厂、建造者 5 种创建型模式。

（2）结构型模式：用于描述如何将类或对象按某种布局组成更大的结构，GoF 中提供了代理、适配器、桥接、装饰、外观、享元、组合 7 种结构型模式。

（3）行为型模式：用于描述类或对象之间怎样相互协作共同完成单个对象无法单独完成的任务，以及怎样分配职责。GoF 中提供了模板方法、策略、命令、职责链、状态、观察者、中介者、迭代器、访问者、备忘录、解释器 11 种行为型模式。

以上提到了 GoF23 种设计模式的分类，简要介绍如下。

（1）单例（Singleton）模式：某个类只能生成一个实例，该类提供了一个全局访问点，以便外部获取该实例，其拓展是有限多例模式。

（2）原型（Prototype）模式：将一个对象作为原型，通过对其进行复制操作而复制出多个和原型类似的新实例。

（3）工厂方法（Factory Method）模式：定义一个用于创建产品的接口，由子类决定生产什么产品。

（4）抽象工厂（AbstractFactory）模式：提供一个创建产品族的接口，其每个子类可以生产一系列相关的产品。

（5）建造者（Builder）模式：将一个复杂对象分解成多个相对简单的部分，然后根据不同的需要分别创建它们，最后构建成该复杂对象。

（6）代理（Proxy）模式：为某对象提供一种代理以控制对该对象的访问，即客户端通过代理间接地访问该对象，从而限制、增强或修改该对象的一些特性。

（7）适配器（Adapter）模式：将一个类的接口转换成客户希望的另一个接口，使得原本由于接口不兼容而不能一起工作的那些类能一起工作。

（8）桥接（Bridge）模式：将抽象与实现分离，使它们可以独立变化。它是用组合关系代替继承关系来实现的，从而降低了抽象和实现这两个可变维度的耦合度。

（9）装饰（Decorator）模式：动态地给对象增加一些职责，即增加其额外的功能。

（10）外观（Facade）模式：为多个复杂的子系统提供一个一致的接口，使这些子系统更加容易被访问。

（11）享元（Flyweight）模式：运用共享技术来有效地支持大量细粒度对象的复用。

（12）组合（Composite）模式：将对象组合成树状层次结构，使用户对单个对象和组合对象具有一致的访问性。

（13）模板方法（TemplateMethod）模式：定义一个操作中的算法骨架，将算法的一些步骤延迟到子类中，使子类可以在不改变该算法结构的情况下，重定义该算法的某些特定步骤。

（14）策略（Strategy）模式：定义了一系列算法，并将每个算法封装起来，使它们可以相互替换，且算法的改变不会影响使用算法的客户。

（15）命令（Command）模式：将一个请求封装为一个对象，使发出请求的责任和执行请求的责任分割开。

（16）职责链（Chain of Responsibility）模式：把请求从链中的一个对象传到下一个对象，直到请求被响应为止。通过这种方式可以去除对象之间的耦合。

（17）状态（State）模式：允许一个对象在其内部状态发生改变时改变其行为能力。

（18）观察者（Observer）模式：多个对象间存在一对多关系，当一个对象发生改变时，把这种改变通知给其他多个对象，从而影响其他对象的行为。

（19）中介者（Mediator）模式：定义一个中介对象来简化原有对象之间的交互关系，降低系统中对象间的耦合度，使原有对象之间不必相互了解。

（20）迭代器（Iterator）模式：提供一种方法来顺序访问聚合对象中的一系列数据，而不暴露聚合对象的内部表示。

（21）访问者（Visitor）模式：在不改变集合元素的前提下，为一个集合中的每个元素提供多种访问方式，即每个元素有多个访问者对象访问。

（22）备忘录（Memento）模式：在不破坏封装性的前提下，获取并保存一个对象的内部状态，以便以后恢复它。

（23）解释器（Interpreter）模式：提供如何定义语言的文法，以及对语言句子的解释方法，即解释器。

需要注意的是，这 23 种设计模式不是孤立存在的，很多模式之间存在一定的关联关系，在大型系统开发中常常会同时使用多种设计模式。

关于这 23 种模式的详细内容，市场上的很多相关图书都有所讲解，本书不做过多介绍。需要进一步学习的读者，建议去看"四人组"的著作《设计模式：可复用面向对象软件的基础》，此外，*Head first Design Pattern* 和《设计模式解析》也值得阅读。

在 23 种设计模式之外的广义的设计模式还有很多，它们虽然不在 GoF 设计模式之列，但应用也很广泛。接下来我会重点介绍 3 个使用广泛的设计模式。

5.3 拦截器模式

拦截器模式（Interceptor Pattern），是指提供一种通用的扩展机制，可以在业务操作前后提供一些切面的（Cross-Cutting）的操作。这些切面操作通常是和业务无关的，比如日志记录、性能统计、安全控制、事务处理、异常处理和编码转换等。

在功能上，拦截器模式和面向切面编程（Aspect Oriented Programming，AOP）的思想很相似。不过，相比于 AOP 中的代理实现（静态代理和动态代理），我更喜欢拦截器的实现方式，原因有二：一个其命名更能表达前置处理和后置处理的含义，二是拦截器的添加和删除会更加灵活，如图 5-3 所示。

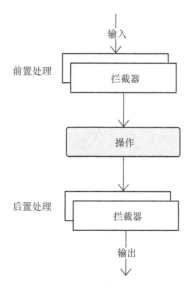

图 5-3 拦截器的实现原理

不同于 Java 的动态代理是利用 Java 反射机制的，拦截器模式完全是利用面向对象技术的，巧妙地使用组合模式外加递归调用实现了灵活、可扩展的前置处理和后置处理。

在拦截器模式中，主要包含以下角色。

- TargetInvocation：包含了一组 Interceptor 和一个 Target 对象，确保在 Target 处理请求前后，按照定义顺序调用 Interceptor 做前置和后置处理。

- Target：处理请求的目标接口。

- TargetImpl：实现了 Target 接口的对象。

- Interceptor：拦截器接口。

- InterceptorImpl：拦截器实现，用来在 Target 处理请求前后做切面处理。

各角色之间的关系如图 5-4 所示。

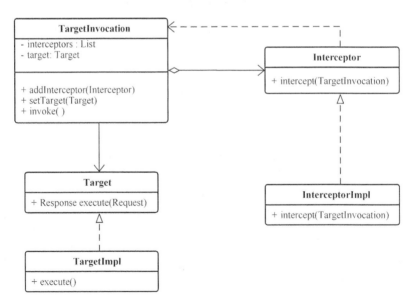

图 5-4　实现拦截器模式的类图

我们可以按照下面的步骤实现一个拦截器模式。

（1）创建 Target 接口。

```java
public interface Target{
    public Response execute(Request request);
}
```

（2）创建 Interceptor 接口。

```java
public interface Interceptor {
    public Response intercept(TargetInvocation targetInvocation);
}
```

（3）创建 TargetInvocation。

```java
public class TargetInvocation {

    private List<Interceptor> interceptorList = new ArrayList<>();
    private Iterator<Interceptor> interceptors;
    private Target target;
    private Request request;

    public Response invoke(){
        if( interceptors.hasNext() ){
            Interceptor interceptor = interceptors.next();
            //此处是整个算法的关键，这里会递归调用 invoke()
            interceptor.intercept(this);//2
        }
        return target.execute(request);
    }

    public void addInterceptor(Interceptor interceptor){
        //添加新的 Interceptor 到 TargetInvocation 中
        interceptorList.add(interceptor);
        interceptors = interceptorList.iterator();
    }
}
```

（4）创建具体的 Interceptor。

AuditInterceptor 实现如下：

```java
public class AuditInterceptor implements Interceptor{
    @Override
    public Response intercept(TargetInvocation targetInvocation) {
        if(targetInvocation.getTarget() == null) {
            throw new IllegalArgumentException("Target is null");
```

```
        }
        System.out.println("Audit Succeeded ");
        return targetInvocation.invoke();
    }
}
```

LogInterceptor 实现如下：

```
public class LogInterceptor implements Interceptor {

    @Override
    public Response intercept(TargetInvocation targetInvocation) {
        System.out.println("Logging Begin");
        Response response = targetInvocation.invoke();
        System.out.println("Logging End");
        return response;
    }
}
```

（5）使用 InterceptorDemo 来演示拦截器设计模式。

```
public class InterceptorDemo {
    public static void main(String[] args) {
        TargetInvocation targetInvocation = new TargetInvocation();
        targetInvocation.addInterceptor(new LogInterceptor());
        targetInvocation.addInterceptor(new AuditInterceptor());
        targetInvocation.setRequest(new Request());
        targetInvocation.setTarget(request->{return new Response();});

        targetInvocation.invoke();
    }
}
```

（6）执行程序，输出结果。

```
Logging Begin
Audit Succeeded
Logging End
```

　　拦截器模式在开源框架中被广泛使用，例如，MVC 框架 Struts2 的 Interceptor 机制正是使用该模式，只是在 Struts2 中 Target 叫 Action，TargetInvocation 叫 ActionInvocation。在开源流程引擎 Activity 中也有使用该模式，其 Target 叫 Command。在 COLA 框架中，同样使用拦截器模式来进行 Command 的前置和后置处理。

5.4 插件模式

插件（plug-in）模式扩展方式和普通的对象扩展方式的不同之处在于，普通的扩展发生在软件内部，插件式扩展发生在软件外部。比如，我们在一个项目中使用了策略模式，当需要添加新的策略时，我们不得不重新编译代码、打包和部署，新的策略才能生效。

而插件式扩展是发生在软件外部的，新扩展以一个单独的组件（比如jar包）的方式加入软件中，软件本身不需要重新编译、打包。有些插件模式甚至可以做到热部署，即在运行时实现插件的加载或卸载，做到真正的即插即用（Pluggable）。

在此方面，我们熟知的软件有很多，如 Chrome、Eclipse、Photoshop 和 VisualStudio 都做了很好的插件支持。插件模式可以让我们动态地给软件添加或删除一些功能，好处是任何人都可以给软件进行功能上的扩展，而不用去改软件本身的代码。

插件模式的实现原理和策略模式类似，要求主程序中做好扩展点接口的定义，然后在插件中进行扩展实现。因此，插件模式的难点不在于如何开发插件，而在于如何实现一套完整的插件框架。

在一个插件框架中，通常会涉及以下概念。

- ExtensionPoint：扩展点，用来标识可以扩展的功能点。

- Extension：扩展，是对 ExtensionPoint 的扩展实现。

- PluginDescriptor：插件描述，即描述插件的元数据，定义了包括对外暴露的扩展点，运行插件所需要的依赖等信息。一个 PluginDescriptor 对应一个 Plugin.xml 配置。

- PluginRegistry：插件注册，用来进行插件注册和存储。

- PluginManager：插件管理，用来装载和激活插件实例。

- Plugin：插件实例，当 PluginManager 调用 activate 方法激活 Plugin 时，就会产生一个 Plugin 实例。

上述概念之间的关系如图 5-5 所示。

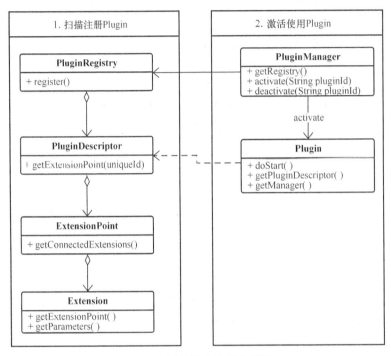

图 5-5　插件模式的概念类图

关于如何实现一个插件框架，还有许多细节，比如，如何解析 plugin 元数据、如何处理插件之间的依赖关系、如何动态加载 extension 中客户自定义的参数等。特别是类型为 class 的参数，需要采用一定的 classloader 机制。

有关这些实现细节，我推荐一个开源项目 JPF（Java Plug-in Framework），它受到了 Eclipse 的插件式启发，致力于打造一个通用的 Java 插件框架。有兴趣的读者可以访问 SOURCEFORGE 的 JPF 相关页面获取相关资料和源代码。

5.5　管道模式

　　管道这个名字源于自来水厂的原水处理过程。原水要经过管道，一层层地过滤、沉淀、去杂质、消毒，到管道另一端形成纯净水。我们不应该把所有原水的过滤都放在一个管道中去提纯，而应该把处理过程进行划分，把不同的处理分配在不同的阀门上，第一道阀门调节什么，第二道调节什么……最后组合起来形成过滤纯净水的管道。

　　这种处理方式实际上体现了一种分治（Divid and Conquer）思想，这是一种古老且非常有效的思想。关于分治思想，将会在第 9 章中详细介绍。接下来，我们来看管道模式的实际应用。

5.5.1　链式管道

　　看过 Tomcat 源码或阿里巴巴开源的 MVC 框架 WebX 源码的读者，应该对其中的管道（Pipeline）和阀门（Valve）不会陌生。一个典型的管道模式，会涉及以下 3 个主要的角色。

　　（1）阀门：处理数据的节点。

　　（2）管道：组织各个阀门。

　　（3）客户端：构造管道并调用。

　　对应现实生活中的管道，我们一般使用一个单向链表数据结构作为来实现，如图 5-6 所示。这也是链式管道区别于拦截器模式之处。其实在功能上，拦截器、管道、过滤器、责任链有类似之处，在实际工作中，我们可以根据具体情况灵活选用。

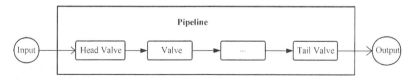

图 5-6　基于链表的管道

基于上面的分析，我们可以按照下面的步骤实现一个简单的链式管道。

1. 创建阀门和管道接口

（1）阀门接口：

```java
public interface Valve {
    public Valve getNext();
    public void setNext(Valve v);
    public void invoke(String s);
}
```

（2）管道接口：

```java
public interface Pipeline {
    public Valve getHead();
    public Valve getTail();
    public void setTail(Valve v);
    public void addValve(Valve v);
}
```

2. 创建阀门的基础实现

```java
public abstract class ValveBase implements Valve{
    public Valve next;
    public Valve getNext() {
        return next;
    }

    public void setNext(Valve v) {
        next = v;
    }

    public abstract void invoke(String s);
}
```

3. 实现具体的阀门

（1）普通阀门一：

```java
public class FirstValve extends ValveBase {
    public void invoke(String s) {
        s = s.replace("11","first");
        System.out.println("after first Valve handled: s = " + s);
        getNext().invoke(s);
    }
}
```

（2）普通阀门二：

```java
public class SecondValve extends ValveBase{
    @Override
    public void invoke(String s) {
        s = s.replace("22","second");
        System.out.println("after second Valve handled: s = " + s);
        getNext().invoke(s);
    }
}
```

（3）尾阀门：

```java
public class TailValve extends ValveBase {
    public void invoke(String s) {
        s = s.replace("33", "third");
        System.out.println("after tail Valve handled: s = " + s);
    }
}
```

4. 实现具体的管道

```java
public class StandardPipeline implements Pipeline {
    protected Valve head;
    protected Valve tail;

    public Valve getHead() {
        return head;
    }

    public Valve getTail() {
        return tail;
    }

    public void setTail(Valve v) {
        tail = v;
    }

    public void addValve(Valve v) {
        if (head == null) {
            head = v;
            v.setNext(tail);
        } else {
            Valve current = head;
            while (current != null) {
                if (current.getNext() == tail) {
                    current.setNext(v);
                    v.setNext(tail);
                    break;
                }
                current = current.getNext();
            }
        }
    }
```

```
        }
```

5. 组装管道，实现客户端调用

```java
public class Client {
    public static void main(String[] args) {
        String s = "11,22,33";
        System.out.println("Input : " + s);
        StandardPipeline pipeline = new StandardPipeline();
        TailValve tail = new TailValve();
        FirstValve first = new FirstValve();
        SecondValve second = new SecondValve();

        pipeline.setTail(tail);
        pipeline.addValve(first);
        pipeline.addValve(second);

        pipeline.getHead().invoke(s);
    }
}
```

6. 执行客户端程序并输出结果

```
Input : s = 11, 22, 33
after first Valve handled: s = first, 22, 33
after second Valve handled: s = first, second, 33
after tail Valve handled: s = first, second, third
```

5.5.2　流处理

　　管道模式还有一个非常广泛的应用——流式处理，即把自来水厂的原水换成数据，形成数据流。管道模式适用于那些在一个数据流上要进行不同的数据计算场景，这种方式称为流处理，也称为流式计算。

　　流是一系列数据项，一次只生成一项。程序可以从输入流中逐个读取数据项，然后以同样的方式将数据项写入数据流。一个程序的输出流很有可能是另一个程序的输入流。

　　熟悉 UNIX 或 Linux 命令的读者对管道应该不会陌生，管道（|）是把一个程序的输出直接连接到另一个程序的输入命令符，这样就能方便快捷地进行流式数据处理，比如：

```
cat file1 file2 | tr "[A-Z]" "[a-z]" | sort | tail -3
```

UNIX 的 cat 命令会把两个文件连接起来创建流，tr 会转化流中的字符，sort 会对流中的行进行排序，而 tail -3 则给出流的最后 3 行。

鉴于流式计算在处理数据流上的优雅性，Java 8 在引入函数式编程的同时，还提供了 Stream API 对集合流进行流式计算。例如，在 Java 8 之前，如果需要从一个 transaction 列表中筛选金额大于 1000 的交易，然后按货币分组，那么需要大量模板化的代码来实现这个数据处理，如下所示：

```
Map<Currency, List<Transaction>> transactionsByCurrencies = new
HashMap<>();
for (Transaction transaction : transactions){
    if(transaction.getPrice() > 1000){
        Currency currency = transaction.getCurrency();
        List<Transaction> transactionsForCurrency =
transactionsByCurrencies. get(currency);
        if(transactionsForCurrency == null){
            transactionsForCurrency = new ArrayList<>();
            transactionsByCurrencies.put(currency,
transactionsForCurrency);
        }
        transactionsForCurrency.add(transaction);
    }
}
```

同样的事情，如果用流处理，一行代码就可以实现。

```
Map<Currency, List<Transaction>> transactionsByCurrencies =
                transactions.stream().filter(t -> t.getPrice() > 1000)
.collect(Collectors.groupingBy(Transaction::getCurrency));
```

翻看 JDK 源码，你会发现，支撑 Stream API 背后的原理正是管道模式。在构建 Stream 时，会调用核心类 ReferencePipeline 来创建管道，其内部采用双向列表的数据结构对操作（Operation）进行存放，然后包（wrap）成 Sink 链表等待执行，整个处理是延迟执行的，只有在最后收集（Collect）被调用时才会被执行。

5.6 本章小结

在本章中，我们了解了 GoF 的 23 种设计模式，熟练掌握设计模式非常重要，不仅可以给我们的设计带来灵活性，还能丰富技术词汇储备，方

便交流。除此之外，我们还着重介绍了在设计模式类书籍中较少谈及的拦
截器模式、插件模式和管道模式。这 3 个模式虽然不在 GoF 设计模式之列，
但运用非常广泛，我们也应该掌握。

最后提醒一下，设计模式只是一种工具或手段，而不是目的。千万不
要为了让程序看起来更有设计感，而在场景中套用设计模式。

第 *6* 章

模型

建模的艺术就是去除实在中与问题无关的部分。

——利普·沃伦·安德森（1977 年诺贝尔物理学奖得主）

在软件工程中，有两个高阶工作分别是架构和建模。如果把写代码比喻成"施工"，那么架构和建模就是"设计图纸"。相比于编码，建模的确是对设计经验和抽象能力要求更高的一种技能。例如，在当前热门的人工智能和机器学习领域，建模就是其中非常重要的工作。

6.1 什么是模型

模型是对现实世界的简化抽象。建立模型有很多方法，并不意味着要用特定的符号、工具和流程。我们只是想在研究复杂东西时，让其中的一些部分易于理解。因此，无论使用何种建模工具和表示法（Notation），只要有助于我们对问题域的理解，均可认为是好的模型。

在一个信息爆炸的时代，有时，不必要的细节反而会让情况更加难以理解。在处理问题时，我们最好隐藏那些不必要的细节，只专注于重要的方面，抓住问题的本质。这也是建模和抽象的价值所在。

在不同的场景下，模型对相同的实体会有不同的表达方式。模型的作用就是表达不同概念的性质。根据使用场景的不同，模型大致可以分为物理模型、概念模型、数学模型和思维模型等。

6.1.1　物理模型

物理模型是拥有体积及重量的物理形态概念实体物件，是根据相似性理论制造的按原系统比例缩小（也可以是放大或与原系统尺寸一样）的实物。例如，风洞实验中的飞机模型、水力系统实验模型、建筑模型和船舶模型和汽车模型（如图 6-1 所示）等。

图 6-1　汽车模型

6.1.2　数学模型

数学模型是用数学语言描述的一类模型，可以是一个或一组代数方程、微分方程、差分方程、积分方程或统计学方程，也可以是某种适当的组合数学模型。利用这些方程可以定量地或定性地描述系统各变量之间的相互关系或因果关系，来描述系统的行为和特征，而不是系统的实际结构。如图 6-2 所示，是一个对汽车 4S 店进行销售预测的建模过程。

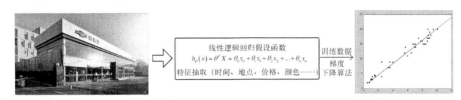

图 6-2　4S 店销售预测建模

6.1.3　概念模型

概念模型是对真实世界中问题域内的事物的描述，是领域实体，而不是对软件设计的描述，它和技术无关。概念模型将现实世界抽象为信息世界，把现实世界中的客观对象抽象为某一种信息结构，这种信息结构并不依赖于具体的计算机系统。以一辆汽车为例，我们可以画出图 6-3 所示的领域模型。

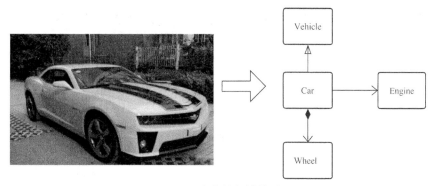

图 6-3　汽车的领域模型

6.1.4　思维模型

我们把用简单易懂的图形、符号或者结构化语言等表达人们思考和解决问题的形式，统称为思维模型。简单来说，就是我们可以总结出一些能够解决特定问题的"思维套路"，这些套路能帮助我们高效地解决问题。例如，8.5.3 节中介绍的金字塔模型就是一种非常好的结构化思维模型。

6.1.5　模型不能代替现实

模型毕竟是模型，不能代替现实，就像类比不能代替问题本身一样。建模的过程与建模者的观察视角和对问题的认知有直接关系，所以我们要带着审视的眼光去看待模型。

就像牛顿认为两个物体之间的引力正比于它们质量的乘积，这是对一种特定现象的数学描述——数学模型。牛顿自己推测过引力的可能原理：地球就像海绵一样，不断吸收天空降落下来的轻质流体，这种流体作用到地球上的物体，导致它们下降。很多年后，爱因斯坦提出了一种不同的引力原理模型——广义相对论，引力被概念化为四维时空的几何特性。相比之下，爱因斯坦的引力模型显然更加科学，但引力的本质是什么，为什么时空弯曲可以产生引力，答案仍然是一个谜。

模型在软件开发中的作用也是一样的，我们也要用发展的眼光来看待模型，能解决当前问题的模型就是好模型，随着时间的推移，我们可能要像重构代码那样去重构模型，确保它能跟上我们对问题域的最新理解。

6.2　UML

在软件领域，影响力最强的建模工具当属统一建模语言（Unified Modeling Language，UML）了。

1997 年，对象管理组织（Object Management Group，OMG）发布了 UML。UML 的目标之一是为开发团队提供标准通用的设计语言来开发和构建计算机应用。**UML 提出了一套 IT 专业人员期待多年的统一的标准建模符号。**通过使用 UML，用户能够阅读和交流系统架构和设计规划，就像建筑工人使用的建筑设计图一样。

UML 拥有一种定义良好的、富有表现力的表示法，这对软件开发过程非常重要。标准的表示法让分析师或开发者能够描述一个场景、阐明一种架构，并准确地将这些信息告诉别人。

总的来说，我们构建的 UML 模型将以一定的保真度和角度展现要构建的真实系统。但是复杂软件系统面临的问题是多样的，在不同的软件研发阶段，针对不同的使用目的，我们需要不同的模型图，每一种模型图都提供了系统的某一种视图。

UML 分为结构型和行为型建模图形，具体分类如图 6-4 所示。

关于 UML 的资料和书籍已有很多。在本书中，我不打算详尽描述每一种建模图形，需要进一步学习的读者，推荐阅读 Grady Booch 等人的《面向对象分析与设计》和 Larman 的《UML 和模式应用》这两本书。

下面详细介绍一下类图，主要有两个原因。

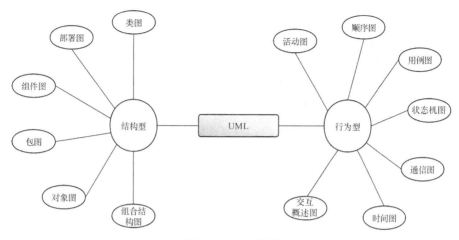

图 6-4　UML 分类

（1）首先，在面向对象设计中，类图占有非常重要的地位。类图不仅可以表示类之间的关系，其表示法还可以表达领域概念之间的关系，非常适合进行领域建模。在我的团队中，都是用类 UML 类图来制作领域模型的。

（2）其次，我在面试和工作的过程中发现很多应试者并不熟悉 UML 类图，要么不会画类图，要么用错表示法。

6.3　类图

类（Class）封装了数据和行为，是面向对象的重要组成部分，是具有相同属性、操作、关系的对象集合的总称。在系统中，每个类都具有一定的职责，职责指的是类要完成什么样的功能，要承担什么样的义务。

类图用于描述类以及它们的相互关系。在分析时，我们利用类图来说明实体共同的角色和责任，这些实体提供了系统的行为。在设计时，我们利用类图来记录类的结构，这些类构成了系统的架构。在类图中，两个基本元素是类，以及类之间的关系。

6.3.1　类的 UML 表示法

在 UML 中，类由包含类名、属性和操作 3 部分组成，这 3 部分使用分隔线分隔的矩形表示。例如，定义一个 Employee 类，包含属性 name、age 和 email，以及操作 getName()，在 UML 类图中，该类如图 6-5 所示。

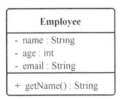

图 6-5　类图示例

Employee 类对应的 Java 代码片段如下：

```java
public class Employee {
    private String name;
    private int age;
    private String email;

    public String getName() {
        return name;
    }
}
```

在 UML 类图中，类一般由以下 3 个部分组成。

（1）类名（Name）：每个类都必须有一个名字，类名是一个字符串。

（2）类的属性（Attributes）：属性指类的性质，即类的成员变量。一个类可以有任意多个属性，也可以没有属性。

（3）类的操作（Operations）：操作是类的任意一个实例对象都可以使用的行为，是类的成员方法。

类图中属性和操作的格式有规格说明。属性规格说明格式是"可见性 属性名称：类型"，比如"- name : String"。操作规格说明格式是"可见性 操作名称（参数名称：类型）：返回值类型"，比如"+ getName() : String"。

其中，可见性、名称和类型的定义分别如下。

- 可见性：表示该属性对于类外的元素而言是否可见，包括公有（public）、私有（private）和受保护（protected），在类图中分别用符号+、-和#表示。

- 名称：按照惯例，类的名称以大写字母开头，单词之间使用驼峰隔开。属性和操作的名称以小写字母开头，后续单词使用驼峰。

- 类型：表示属性的数据类型，可以是基本数据类型，也可以是用户自定义类型。

类和类之间的关系主要有关联关系、依赖关系和泛化关系。接下来，我们重点来看这些关系的 UML 表示法。

6.3.2 类的关联关系

关联（Association）关系是一种结构化关系，用于表示一类对象与另一类对象之间有联系，如汽车和轮胎、师傅和徒弟、班级和学生等。关联关系是类与类之间常用的一种关系。在 UML 类图中，用实线连接有关联关系的对象所对应的类。在代码实现上，通常将一个类的对象作为另一个类的成员变量。

在使用类图表示关联关系时，可以在关联线上标注角色名，一般使用一个表示两者之间关系的动词或者名词来表示角色名（有时该名词为实例对象名），关系的两端代表两种不同的角色。因此，在一个关联关系中可以包含两个角色名，角色名并不是必需的，可以根据需要增加，其目的是使类之间的关系更加明确。

在 UML 中，关联关系通常又包含以下 6 种形式。

1. 双向关联

在默认情况下，关联是双向的。例如，一位教师（Teacher）可以教授一或多门课程（Course），一门课程只能被一位教师教授，因此 Teacher 类和 Course 类之间具有双向关联关系，如图 6-6 所示。

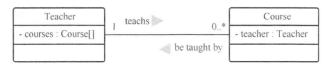

图 6-6　双向关联实例

在图 6-6 中，三角形标注表示关联关系的阅读方向，是可选的。直线两边的数字代表关联的重数性（Multiplicity），也是可选的，表示两个关联对象在数量上的对应关系。在 UML 中，对象之间的多重性可以直接在关联直线上用一个数字或数字范围表示。

对象之间可以存在多种多重性关联的关系，常见的多重性表示方式如表 6-1 所示。

表 6-1　多重性表示方式

表示方法	多重性说明
1..1	表示另一个类的一个对象只与该类的一个对象有关系
0..*	表示另一个类的一个对象与该类的零个或多个对象有关系
1..*	表示另一个类的一个对象与该类的一个或多个对象有关系
0..1	表示另一个类的一个对象没有或只与该类的一个对象有关系
m..n	表示另一个类的一个对象与该类最少 m，最多 n 个对象有关系　（$m \leqslant n$）

2.　限定关联

限定关联（Qualified association）具有限定符（Qualifier），限定符的作用类似 HashMap 中的键（key），用于从一个集合中选择一个或多个对象。例如，一个用户（User）可以有多个角色（Role），但是在一个场景（Scenario）下，它只会是一种角色。

对于限定关联，有一点需要注意，即多重性的变化。例如，比较图 6-7a 和图 6-7b，限定减少了在关联目标端的多重性，通常是由多变为一，因为限定关联通常是从较大集合中选择一个实例。

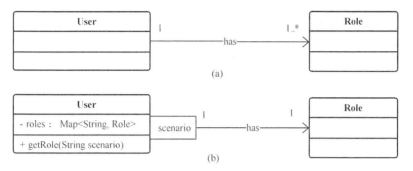

图 6-7 限定关联实例

用代码实现限定关联时，成员变量通常是 Map，而 Map 的键就是限定符，图 6-7b 对应的 Java 代码片段如下：

```java
public class User {
    private Map<String, Role> roles;

    public Role getRole(String scenario){
        return roles.get(scenario);
    }
}

public class Role {
}
```

3. 单向关联

类的关联关系也可以是单向的，单向关联用带箭头的实线表示。例如，顾客（Customer）拥有地址（Address），则 Customer 类与 Address 类具有单向关联关系，如图 6-8 所示。

图 6-8 单向关联实例

4. 自关联

在系统中可能会存在一些类的属性对象类型为该类本身，这种特殊的

关联关系称为自关联。例如，一个节点类（Node）的成员又是节点 Node
类型的对象，如图 6-9 所示。

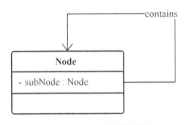

图 6-9　自关联实例

设计模式中的装饰者模式也是一种自关联，都有类似如下的代码形式：

```
public class Node {
    private Node subNode;
}
```

5. 聚合关系

聚合（Aggregation）关系表示整体与部分的关联关系。在聚合关系中，
成员对象是整体对象的一部分，但是成员对象可以脱离整体对象独立存在。
在 UML 中，聚合关系用带空心菱形的直线表示。例如，汽车发动机（Engine）
是汽车（Car）的组成部分，但是汽车发动机可以独立存在，因此汽车和发
动机是聚合关系，如图 6-10 所示。

图 6-10　聚合关系实例

在用代码实现聚合关系时，成员对象通常作为构造方法、Setter 方法或
业务方法的参数注入整体对象中，图 6-10 对应的 Java 代码片段如下：

```
public class Car {
    private Engine engine;

    //构造注入
    public Car(Engine engine) {
        this.engine = engine;
```

```
    }

    //设值注入
    public void setEngine(Engine engine) {
        this.engine = engine;
    }
}

public class Engine {
}
```

6. 组合关系

组合（Composition）关系也表示类之间整体和部分的关联关系，但是在组合关系中，整体对象可以控制成员对象的生命周期，一旦整体对象不存在，成员对象也将不存在，成员对象与整体对象之间具有"同生共死"的关系。在 UML 中，组合关系用带实心菱形的直线表示。例如，人的头部（Head）与嘴（Mouth），嘴是头部的组成部分，如果头部不存在，那么嘴也就不存在了，因此头部和嘴是组合关系，如图 6-11 所示。

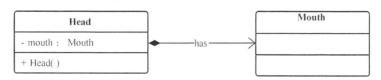

图 6-11 组合关系实例

在用代码实现组合关系时，通常在整体类的构造方法中直接实例化成员类。成员对象域整体对象有同样的生命周期，也就是要"共生死"，这也是组合和聚合的主要区别。代码上的体现是组合没有 Setter 方法，图 6-11 对应的 Java 代码片段如下：

```
public class Head {
    private Mouth mouth;
    public Head() {
        mouth = new Mouth(); //实例化成员类
    }
}

public class Mouth {
}
```

6.3.3　类的依赖关系

依赖（Dependency）关系是一种使用关系，特定事物的改变可能会影响到使用该事物的其他事物，在需要表示一个事物使用另一个事物时，使用依赖关系。大多数情况下，依赖关系体现在某个类的方法使用另一个类的对象作为参数。在 UML 中，依赖关系用带箭头的虚线表示，由依赖的一方指向被依赖的一方。例如，教师（Teacher）上课时使用投影仪（Projector）进行演示，如图 6-12 所示。

在系统实施阶段，依赖关系通常通过 3 种方式来实现。

（1）第一种方式（也是常用的一种方式）是将一个类的对象作为另一个类中方法的参数，如图 6-12 所示。

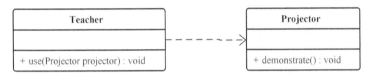

图 6-12　依赖关系实例

（2）第二种方式是在一个类的方法中将另一个类的对象作为其局部变量。

（3）第三种方式是在一个类的方法中调用另一个类的静态方法。

第一种方式对应的 Java 代码片段如下：

```java
public class Teacher {
    public void use(Projector projector) {
        projector.demonstrate();
    }
}

public class Projector {
    public void demonstrate() {
    }
}
```

6.3.4 类的泛化关系

泛化（Generalization）关系也称为继承关系，用于描述父类与子类之间的关系。父类称为基类或超类，子类称为派生类。在 UML 中，泛化关系用带空心三角形的直线来表示。在代码实现时，我们使用面向对象的继承机制来实现泛化关系，例如，在 Java 语言中使用 extends 关键字。

举例说明，Student 类和 Teacher 类都是 Person 类的子类，Student 类和 Teacher 类继承了 Person 类的属性和方法，Person 类的属性包含姓名（name）和年龄（age），每一个 Student 和 Teacher 也都具有这两个属性。另外，Student 类增加了属性学号（studentNo），Teacher 类增加了属性教师编号（teacherNo），如图 6-13 所示。

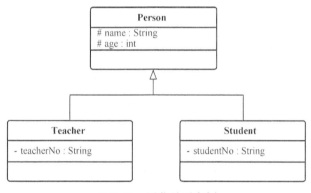

图 6-13　泛化关系实例

图 6-13 对应的 Java 代码片段如下：

```java
//父类
public class Person {
    protected String name;
    protected int age;
    ……
}

//子类
public class Student extends Person {
    private String studentNo;
```

```
        ……
    }

    //子类
    public class Teacher extends Person {
        private String teacherNo;

        ……
    }
```

6.3.5　接口与实现关系

面向对象语言中会引入接口的概念。在接口中，通常没有属性，其操作通常都是抽象的，只有操作的声明，没有操作的实现。在 UML 中，类与接口之间的实现关系通常是用带空心三角形的虚线来表示。例如，第 13 章介绍的"工匠平台"中，每一个度量项（Metrics）都是可度量的（Measurable），其实现如图 6-14 所示。

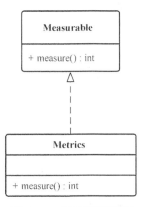

图 6-14　实现关系实例

需要注意的是，UML 提供了多种方法表示接口实现（Interface realization）。例如，在 UML 2 中新定义的插座表示法（Socket notation），有助于表示"类 X 需要（使用）接口 Y"。在上面的例子中，我们有一个统计类（Statistics）要使用度量项进行统计，其插座表示法如图 6-15 所示。

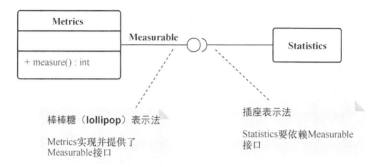

图 6-15 接口和实现的插座表示法

6.4 领域模型

在理解领域模型之前,我们先思考一下软件开发的本质是什么。从本质上来说,软件开发过程就是问题空间到解决方案空间的一个映射转化,如图 6-16 所示。

图 6-16 软件开发的本质

在问题空间中,我们主要是找出某个业务面临的挑战及其相关需求场景用例分析;而在解决方案空间中,则通过具体的技术工具手段来进行设计实现。

就软件系统来说,"问题空间"就是系统要解决的"领域"问题。因此,也可以简单理解为一个领域就对应一个问题空间,是一个特定范围边界内的业务需求的总和。

"领域模型"就是"解决方案空间",是针对特定领域里的关键事物及其关系的可视化表现,是为了准确定义需要解决问题而构造的抽象模型,是业务功能场景在软件系统里的映射转化,其目标是为软件系统的构建统一的认知。

　　例如，请假系统解决的是人力工时的问题，属于人力资源领域，对口的是 HR 部门；费用报销系统解决的是员工和公司之间的财务问题，属于财务领域，对口的是财务部门；电商平台解决的是网上购物问题，属于电商领域。可以看出，每个软件系统本质上都解决了特定的问题，属于某一个特定领域，实现了同样的核心业务功能来解决该领域中核心的业务需求。

　　总结一下，领域模型在软件开发中的主要起到如下作用。

- 帮助分析理解复杂业务领域问题，描述业务中涉及的实体及其相互之间的关系，是需求分析的产物，与问题域相关。

- 是需求分析人员与用户交流的有力工具，是彼此交流的语言。

- 分析如何满足系统功能性需求，指导项目后续的系统设计。

　　关于如何进行领域建模，会在第 7 章中详细介绍。

6.5　敏捷建模

　　和开发模式一样，建模也可以用一套价值观、原则和实践来进行指导，以求尽可能地敏捷。敏捷建模方法的重点如下。

- 模型能用来沟通和理解。

- 力争用简单的工具创建简单的模型。

- 我们知道需求是变化的，因此创建模型时要拥抱变化。

- 重点是交付软件，而不是交付模型。模型能带来价值时，我们就使用；如果模型没有价值，不能加速软件的交付，就不创建它们。

　　我们只保留必要的模型。如果模型完成了它的使命，就可以把它扔掉。这能让我们轻装上阵，而不会陷入繁忙的工作。

我们使用多种模型。在使用模型时会考虑不同的角度和抽象层次，还有不同的读者。对于创建出来的所有模型，我们都知道它的读者是谁、要达成什么目标。如果我们还没理解目标，就不会创建模型。

6.6 广义模型

除了像 UML 这样的"正规军"，我认为凡是可以实现对复杂问题的抽象、帮助理解问题域、让沟通变得更高效的图形化方法都是建模。

6.6.1 C4 模型

C4 模型由 Simon Brown 提出。C4 模型提出使用上下文（Context）、容器（Container）、组件（Component）和代码（Code）等一系列分层的图表，来描述不同缩放级别的软件架构，其主要构件如图 6-17 所示。

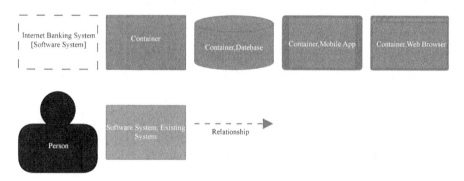

图 6-17 C4 模型中的主要构件

6.6.2 UI 流程图

UI 流程图使用页面之间的流转来描述系统交互流程。用户可以通过 UI 流程图进行业务分析和检查，UI 流程图也可以作为系统文档向新人介绍业务。如图 6-18 所示，UI 流程图和 C4 模型一样，虽然不是标准的 UML，但也非常实用。

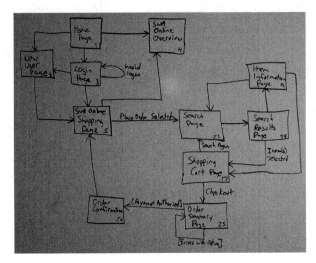

图 6-18　UI 流程图实例

6.6.3　业务模型

除描述技术以外，用户也可以用图形化的方式来描述业务。图形化的表达往往比文字更容易使人理解，也更加生动。原始人没有文字，漫长的进化过程诞生了文字后，人类处理图像的进程比语言快了 60000 倍[1]。我们回忆图片类的信息要比文字类信息容易 6 倍，这也是"一图胜千言"的原因。

图 6-19 描述了一个电商网站客户动线，虚线表示不同阶段跳出（终止交易），线条的粗细表示流量的大小，很形象、生动，我们可以很容易地看出来下单漏洞是如何发生的。

图 6-20 是关于 O2O 就医的流程，这张图非常巧妙地使用了线条（line），线条本身除了表达时间顺序外，还用来作为线上（online）和线下（offline）的区隔，线条上面的是 online，下面的是 offline，直观明了，让人印象深刻。

---

[1] 信息参考自 Thermopylae Sciences + Technology 公司官网。

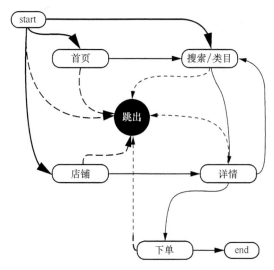

图 6-19 电商网站客户动线

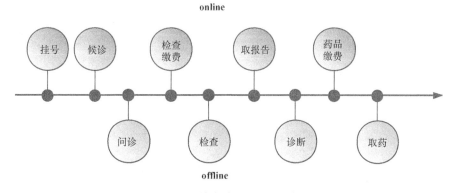

图 6-20 基本就医的 O2O 流程

由此可见,好的图形表示法不仅需要我们对问题域有深入的理解,还要我们具备一定的想象力和创造力。UML 可以表达大部分软件工程中遇到的问题,提供了大家都熟悉的表示法,省去了重新理解图形元素的负担,因此我们应该优先使用 UML 来表达。但是在面对一些特殊场景时,UML 的表达能力有限,我们也可以尝试不一样的表达。

6.7 本章小结

建模在软件设计中占有重要的地位,是我们分析问题和架构设计的重要手段。UML 为我们提供了一套标准的需求分析和软件架构的表示法，共用一套表示法和描述语言的好处是可以减少认知成本，提升沟通效率。

但是，我们也要看到 UML 并没有覆盖所有的建模场景，有时我们不用完全拘泥于现有的教条。只要合理地使用线条、图形、箭头和颜色来描述我们想要表达的技术问题或者业务问题，就是好的"建模"。还是那句话，建模并不意味着要用特定的符号、工具和流程。不管你用什么建模工具、什么表示法，只要有助于对问题域的理解，就是好的模型。

第 **7** 章

DDD 的精髓

你可以，不代表你应该。

（Just because you can, doesn't mean you should.）

——施莉琳·凯尼恩

在第 6 章中，我们简要介绍了什么是模型、模型在软件开发中的重要性，以及一些常用的建模方式在软件工程中的应用。本章将重点讲解领域驱动设计（Domain Driven Design，DDD），包括 DDD 的重要概念，以及如何进行领域建模。

7.1 什么是 DDD

DDD 是 Eric Evans 在 2003 年出版的《领域驱动设计：软件核心复杂性应对之道》（*Domain-Driven Design: Tackling Complexity in the Heart of Software*）一书中提出的具有划时代意义的重要概念，是指通过统一语言、业务抽象、领域划分和领域建模等一系列手段来控制软件复杂度的方法论。

DDD 的革命性在于领域驱动设计是面向对象分析的方法论，它可以利用面向对象的特性（封装、多态）有效地化解复杂性，而传统 J2EE 或 Spring+Hibernate 等事务性编程模型只关心数据。这些数据对象除了简单的 setter/getter 方法外，不包含任何业务逻辑，业务逻辑都是以过程式的代码写在 Service 中。这种方式极易上手，但随着业务的发展，系统也很容易变得混乱复杂。

7.2　初步体验 DDD

在介绍 DDD 之前，我喜欢用这个银行转账的案例来做一个 DDD 和事务脚本（Transaction Script）的简单对比。我们要实现一个银行转账的功能，如果用传统的事务脚本方式实现，业务逻辑通常会被写在 MoneyTransferService 中，而 Account 仅仅是 getters 和 setters 的数据结构，也就是所谓的"贫血模式"。其代码如下所示：

```
public class MoneyTransferServiceTransactionScriptImpl
    implements MoneyTransferService {
private AccountDao accountDao;
private BankingTransactionRepository bankingTransactionRepository;
. . .
@Override
public BankingTransaction transfer(
    String fromAccountId, String toAccountId, double amount) {
  Account fromAccount = accountDao.findById(fromAccountId);
  Account toAccount = accountDao.findById(toAccountId);
  . . .
  double newBalance = fromAccount.getBalance() - amount;
  switch (fromAccount.getOverdraftPolicy()) {
  case NEVER:
    if (newBalance < 0) {
      throw new DebitException("Insufficient funds");
    }
    break;
  case ALLOWED:
    if (newBalance < -limit) {
      throw new DebitException(
          "Overdraft limit (of " + limit +") exceeded: " + newBalance);
    }
    break;
  }
  fromAccount.setBalance(newBalance);
  toAccount.setBalance(toAccount.getBalance() + amount);
  BankingTransaction moneyTransferTransaction =
      new MoneyTranferTransaction(fromAccountId,toAccountId,amount);
  bankingTransactionRepository.addTransaction(moneyTransferTransaction);
  return moneyTransferTransaction;
  }
}
```

上述代码有些读者可能会比较眼熟，因为大部分系统都是这么写的。评审完需求，工程师画几张 UML 图完成设计，就开始像上面这样写业务代码了，这样写基本不用太动脑筋，完全是过程式的代码风格。

同样的业务逻辑，接下来看使用领域建模是怎么做的。在使用 DDD 之后，Account 实体除账号属性之外，还包含了行为和业务逻辑，比如 debit() 和 credit() 方法。

```java
public class Account {
  private String id;
  private double balance;
  private OverdraftPolicy overdraftPolicy;
  . . .
  public double balance() { return balance; }
  public void debit(double amount) {
    this.overdraftPolicy.preDebit(this, amount);
    this.balance = this.balance - amount;
    this.overdraftPolicy.postDebit(this, amount);
  }
  public void credit(double amount) {
    this.balance = this.balance + amount;
  }
}
```

透支策略 OverdraftPolicy 也不仅仅是一个 Enum 了，而是被抽象成包含业务规则并采用策略模式的对象。

```java
public interface OverdraftPolicy {
  void preDebit(Account account, double amount);
  void postDebit(Account account, double amount);
}

public class NoOverdraftAllowed implements OverdraftPolicy {
  public void preDebit(Account account, double amount) {
    double newBalance = account.balance() - amount;
    if (newBalance < 0) {
      throw new DebitException("Insufficient funds");
    }
  }
  public void postDebit(Account account, double amount) {
  }
}

public class LimitedOverdraft implements OverdraftPolicy {
  private double limit;
  . . .
  public void preDebit(Account account, double amount) {
```

```
      double newBalance = account.balance() - amount;
   if (newBalance < -limit) {
     throw new DebitException(
         "Overdraft limit (of " + limit + ") exceeded: "+newBalance);
   }
 }
 public void postDebit(Account account, double amount) {
 }
}
```

而 Domain Service 只需要调用 Domain Entity 对象完成业务逻辑。

```
public class MoneyTransferServiceDomainModelImpl
     implements MoneyTransferService {
 private AccountRepository accountRepository;
 private BankingTransactionRepository bankingTransactionRepository;
 . . .
 @Override
 public BankingTransaction transfer(
     String fromAccountId, String toAccountId, double amount) {
   Account fromAccount = accountRepository.findById(fromAccountId);
   Account toAccount = accountRepository.findById(toAccountId);
   . . .
   fromAccount.debit(amount);
   toAccount.credit(amount);
   BankingTransaction moneyTransferTransaction =
       new MoneyTranferTransaction(fromAccountId,toAccountId,amount);
   bankingTransactionRepository.addTransaction(moneyTransferTransaction);
   return moneyTransferTransaction;
 }
}
```

通过 DDD 重构后，虽然类的数量比以前多了一些，但是每个类的职责
更加单一，代码的可读性和可扩展性也随之提高。

7.3　数据驱动和领域驱动

7.3.1　数据驱动

目前主流的开发模式是由数据驱动的。数据驱动的开发很容易上手，

有了业务需求，创建数据库表，然后编写业务逻辑，开发过程如图 7-1 所示。数据驱动以数据库为中心，其中最重要的设计是数据模型，但随着业务的增长和项目的推进，软件开发和维护的难度会急剧增加。

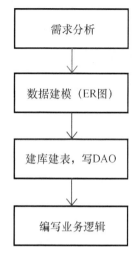

图 7-1　数据驱动研发过程

以客户关系管理（Customer Relationship Management，CRM）为例，其中很重要的概念有销售、机会、客户、私海、公海，实体的定义分别如下。

- 销售（Sales）：公司的销售人员，一个销售可以拥有多个销售机会。

- 机会（Opportunity）：销售机会，每个机会包含至少一个客户信息，且归属于一个销售人员。

- 客户（Customer）：客户，也就是销售的对象。

- 私海（Private sea）：专属于某个销售人员的领地（Territory），私海里面的客户，其他销售人员不能触碰。

- 公海（Public sea）：公共的领地，所有销售人员都可以从公海里捡入客户到其私海。

按照我们曾经学习的数据库建模理论，对于上面的场景，不难画出图 7-2 所示的实体联系（Entity Relationship，ER）图。

图 7-2　CRM 的 ER 图

可以看到，图 7-2 所示的 ER 图中不存在公海和私海，因为所谓的机会在私海，就是这个机会是不是归属某个销售，这样我们只需要看机会上是否有 salesld。如果有，说明机会被某个销售占有，也就是在私海中；反之，这个机会就在公海中。

在这种开发模式下，最后的产出是几张数据库表，以及针对表中数据进行操作的事务脚本，如图 7-3 所示。

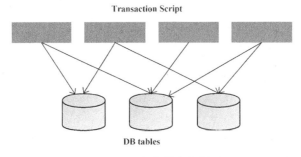

图 7-3　事务脚本实现

7.3.2　领域驱动

领域驱动设计关心的是业务中的领域划分（战略设计）和领域建模（战术设计），其开发过程不再以数据模型为起点，而是以领域模型为出发点，研发过程如图 7-4 所示。领域模型对应的是业务实体，在程序中主要表现

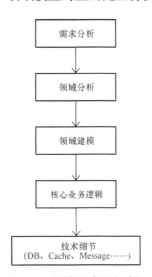

图 7-4　领域驱动研发过程

为类、聚合根和值对象，它更加关注业务语义的显性化表达，而不是数据的存储和数据之间的关系。这是"领域驱动设计"和"数据驱动设计"之间显著的区别。

仍以上面的 CRM 为例。假如我们先不考虑数据模型，而是采用面向对象分析（Object Oriented Analysis，OOA）对这个场景进行领域建模，那么可以得到图 7-5 所示的领域模型。

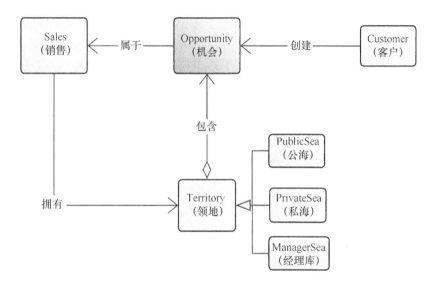

图 7-5 CRM 的领域模型

可以看到，在图 7-5 中，领域模型的描述更加贴近业务，一些重要的业务术语和概念没有丢失，更完整地表达了业务语义。即使是产品经理或者业务人员，也不难看懂这样的领域模型，甚至他们可以和技术人员一起参与到梳理领域模型和创建活动中来。

通过 DDD 的战略设计和战术设计，我们可以为问题域划分出合适的子域，并对域中的业务进行建模。图 7-6 所示是我们在实际工作中为 CRM 进行的领域战略设计。

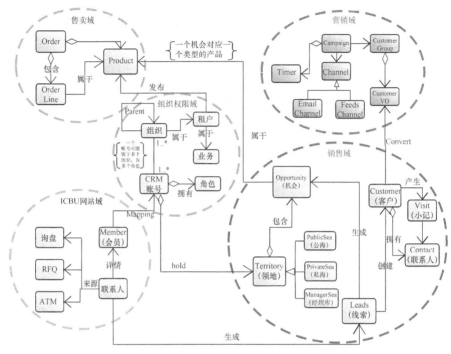

图 7-6 CRM 的领域划分

7.3.3 ORM

很明显，领域模型和数据模型并不是一一对应的关系，但也不排除，有些情况领域模型和数据模型是趋同的，但是大部分情况都需要做一层映射（Mapping）。为了弥补二者之间的差异，行业先驱们做了很多关于映射工作的尝试，这种技术有一个名称叫作对象关系映射（Object Relationship Mapping，ORM），如图 7-7 所示。

ORM 曾经非常火，记得当年 Hibernate 才出现时，我用尽了其中的高级技巧，比如继承关系映射、多对多关系映射……结果弄出来的东西却变成了"四不像"，既不像 Entity，也不像数据对象（Data Object，DO）。

ORM 的问题在于它太理想化，期望通过工具把数据建模和领域建模合一，这样的尝试注定是很难成功的。仍以上述的 CRM 案例为例，在数据模型中根本就没有私海和公海这两个实体，工具是无法映射的。因此，

Hibernate 和 JPA 的衰落是可以预见的。现在使用最多的是 MyBatis，它很简单，完全不理会复杂的关系和对象之间的复杂关系映射，只做数据库表和 DO 之间的简单映射。

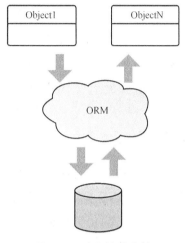

图 7-7　对象关系映射

复杂的数据库关系和对象关系之间的差异，其本质是数据模型和领域模型之间的差异，而这种差异的多样性和灵活性是很难通过规则预先定义的，这也是为什么工具的作用会很有限。现在的互联网大厂大多使用 MyBatis，原因也在于此。因此，如果你打算实践 DDD，请一定不要让工具帮你去建模，工具不会抽象，也不会思考，还是要老老实实自己动手去建。

7.4　DDD 的优势

通过上面的介绍，相信读者对 DDD 有了一些认识，接下来对 DDD 的优势会更容易接受。如果一开始不能接受 DDD 也没有关系，我其实也经历过"排斥—接受—使用"的过程。当真正领会 DDD 的精髓之后，我就再不愿意回到以前的开发模式了。下面将 DDD 带来的核心好处总结如下。

7.4.1 统一语言

统一语言（Ubiquitous Language）的主要思想是让应用能和业务相匹配，这是通过在业务与代码中的技术之间采用共同的语言达成的。业务语言起源于公司的业务侧，业务侧拥有需要实现的概念。业务语言中的术语由公司的的业务侧和技术侧通过协商来定义（意味着业务侧也不能总是选到最好的命名），目标是创造可以被业务、技术和代码自身无歧义使用的共同术语，即统一语言。代码、类、方法、属性和模块的命名必须和统一语言相匹配，必要的时候需要对代码进行重构！

试想，在 PRD 文档、设计文档、代码以及团队日常交流中，如果有一套领域术语是统一无歧义的，是否会极大地提升沟通和工作效率？在日常工作中，因为概念理解不一致，或者语言表达上的问题，导致沟通效率低，甚至发生误解的情况实在太多了。所以，明确概念、形成统一语言至关重要。

7.4.2 面向对象

DDD 的核心是领域模型，这一方法论可以通俗地理解为先找到业务中的领域模型，以领域模型为中心，驱动项目开发。领域模型的设计精髓在于面向对象分析、对事物的抽象能力，一个领域驱动架构师必然是一个面向对象分析的大师。

DDD 鼓励我们接触到需求后第一步就是考虑领域模型，而不是将其切割成数据和行为，然后用数据库实现数据，用服务实现行为，最后造成需求的首尾分离。DDD 会让你首先考虑业务语言，而不是数据。DDD 强调业务抽象和面向对象编程，而不是过程式业务逻辑实现。**重点不同，导致编程世界观不同。**

7.4.3 业务语义显性化

统一语言也好，面向对象也好，最终的目都是为代码的可读性和可维护性服务。统一语言使得我们的核心领域概念可以无损地在代码中呈现，从而提升代码的可理解性。例如，在银行转账的案例中，按照事务脚本的写法来写"透支策略"的业务概念，其含义完全被淹没在代码逻辑中没有突显出来。但是，如果我们使用策略模式将其抽象出来，让业务语义得到显性化的表达，代码的可读性就会提升很多。

面向对象也是让代码尽量体现领域实体和实体之间的关系原貌，所以目的也是业务语义被显性化地表达，显性化的结果是代码更容易被理解和维护，殊途同归，一切都是为了控制复杂度。在软件的世界里，任何的方法论如果最终不能落在"减少代码复杂度"这个焦点上，那么都是有待商榷的。

7.4.4 分离业务逻辑和技术细节

代码复杂度是由业务复杂度和技术复杂度共同组成的。实践 DDD 还有一个好处，是让我们有机会分离核心业务逻辑和技术细节，让两个维度的复杂度有机会被解开和分治。如图 7-8 所示，核心业务逻辑是整个应用的核心，最好只是简单 Java 类（Plan Old Java Object，POJO）。也就是说，核心业务逻辑对技术细节没有任何依赖，依赖都是由外向内的，即使有由内向外的依赖，也应该通过依赖倒置来反转依赖的方向。通过这样的划分，Entities 只要安安心心地处理业务逻辑就好，业务逻辑越复杂，这样划分带来的好处越明显。

为什么说数据库、框架和 UI 都是技术细节呢？

- 数据库：业务逻辑不应该受限于存储方式，也就是不论你是使用关系型数据库还是 NoSQL，都不应该影响业务逻辑的实现。数据本身很重要，但数据库技术仅仅是一个实现细节。

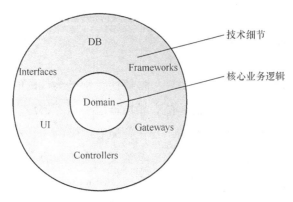

图 7-8　业务逻辑和技术细节分离的架构

- UI：UI 只是一种 I/O 设备的呈现，Web、WAP 和 Wireless 都是不同的 I/O，我们的核心业务逻辑应该与如何呈现解耦，以及针对不同的端可以使用不同的适配器（Adaptor）去做适配。

- 框架：不要让框架侵入我们的核心业务代码，以 Spring 为例，最好不要在业务对象中到处写@autowired 注解。业务对象不应该依赖框架。

这么说来，这些技术细节是不重要了吗？不是的，技术细节是一个系统的必要组成部分，也非常重要。技术细节和核心业务逻辑是两个维度的重要性，如果把软件比喻成一个人，那么核心业务逻辑是大脑，技术细节是身体，二者都很重要，分开处理主要是为了降低复杂度。

7.5　DDD 的核心概念

7.5.1　领域实体

毫不夸张地说，我们的软件系统就是对现实世界的真实模拟。如图 7-9 所示，现实世界中的事物在软件世界中可以被模拟成一个对象：该事物在现实世界中被赋予什么职责，在软件世界中就被赋予什么职责；在现实世界中拥有什么特性，在软件世界中就拥有什么属性；在现实世界中拥有什么行为，在软件世界中就拥有什么函数；在现实世界中与哪些事物存在怎样的关系，在软件世界中就应当与它们发生怎样的关联。这正是面向对象编程的核心思想，也是 DDD 中寻找领域实体的核心思想。

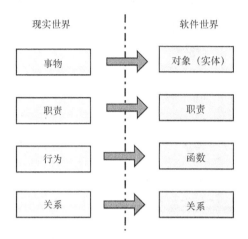

图 7-9　现实世界与软件世界

假如现在你需要设计一个中介系统，一个典型的 User Story 是"小明去找工作，中介让他留个电话，有工作机会就会通知他"。我们要如何寻找该业务中的关键领域实体呢？一个简单的方式就是"找名词"，分析这些名词，不难得到以下可能成为实体的候选项。

- 小明：一个求职者。

- 电话：求职者的相关信息，可以是一个属性。

- 中介：可以拆解为中介公司和中介公司的员工两个概念。

- 工作机会：对于中介系统来说，工作机会应该是最关键的实体之一。

- 通知：作为名词是一个实体，但是作为一个动词是在暗示我们可以使用 Notify。

是的，对于这个简单的 User Story，这样分析就可以了。当然，随着更多的 Story 被加入，我们会补充更多的实体，比如增加了"中介费是按照小明第一个月工资的 30%收取"，那么就可能要引入"订单"和"支付"等实体。

以上就是我在实际工作中寻找领域实体的大致过程。从方法论的角度来说，也叫作"用例分析法"，详细的步骤会在 7.6.1 节中介绍。

7.5.2　聚合根

聚合根（Aggregate Root）是 DDD 中的一个概念，是一种更大范围的封装，会把一组有相同生命周期、在业务上不可分割的实体和值对象放在一起，只有根实体可以对外暴露引用，这也是一种内聚性的表现。

确定聚合边界要满足固定规则（Invariant），是指在数据变化时必须保持的一致性规则，具体规则如下。

- 根实体具有全局标识，最终负责检查规定规则。

- 聚合内的实体具有本地标识，这些标识在 Aggregate 内部才是唯一的。

- 外部对象不能引用除根 Entity 之外的任何内部对象。

- 只有 Aggregate 的根 Entity 才能直接通过数据库查询获取，其他对象必须通过遍历关联来发现。

- Aggegate 内部的对象可以保持对其他 Aggregate 根的引用。

- Aggregate 边界内的任何对象在修改时，整个 Aggregate 的所有固定规则都必须满足。

仍以银行转账的例子来说明，如图 7-10 所示，账号（Account）是客户信息（CustomerInfo）Entity 和值对象（Address）的聚合根，交易（Tansaction）是流水（Journal）的聚合根，流水是因为交易才产生的，具有相同的生命周期。

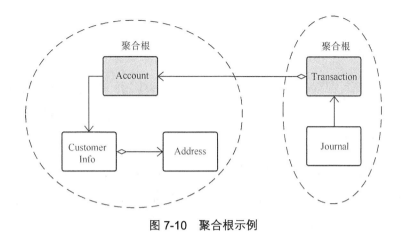

图 7-10 聚合根示例

7.5.3 领域服务

有些领域中的动作是一些动词,看上去并不属于任何对象。它们代表了领域中的一个重要的行为,所以不能忽略它们或者简单地把它们合并到某个实体或者值对象中。**当这样的行为从领域中被识别出来时,推荐的实践方式是将它声明成一个服务。**这样的对象不再拥有内置的状态,其作用仅仅是为领域提供相应的功能。Service 往往是以一个活动来命名,而不是 Entity 来命名。

例如在银行转账的例子中,转账(transfer)这个行为是一个非常重要的领域概念,但是它发生在两个账号之间,归属于账号 Entity 并不合适,因为一个账号 Entity 没有必要去关联它需要转账的账号 Entity。在这种情况下,使用 MoneyTransferDomainService 就比较合适了。识别领域服务,主要看它是否满足以下 3 个特征。

(1)服务执行的操作代表了一个领域概念,这个领域概念无法自然地隶属于一个实体或者值对象。

(2)被执行的操作涉及领域中的其他对象。

(3)操作是无状态的。

7.5.4　领域事件

领域事件（Domain Event）是在一个特定领域由一个用户动作触发的，是发生在过去的行为产生的事件，而这个事件是系统中的其他部分或者关联系统感兴趣的。

为什么领域事件如此重要？因为在分布式环境下，很少有业务系统是单体的（Monolithic），消息作为分布式系统间耦合度最低、最健壮、最容易扩展的一种通信机制，是我们实现分布式系统互通的重要手段。关于领域事件，我们需要注意两点，分别是事件命名和事件内容。

1. 事件命名

事件是表示发生在过去的事情，所以在命名上**推荐使用 Domain Name + 动词的过去式 + Event**，这样可以更准确地表达业务语义。例如，在银行转账的例子中，对于转账成功和失败我们都需要发出事件通知，可以定义两个领域事件如下。

（1）MoneyTransferedEvent：表示转账成功发出的事件。

（2）MoneyTransferFailedEvent：表示转账失败发出的事件。

2. 事件内容

事件内容在计算机术语中叫作 payload，有以下两种形式。

（1）自恰（Enrichment）：就是在事件的 payload 中尽量多放数据，这样 consumer 不需要回查就能处理消息，也就是自恰地处理消息。

（2）回查（Query-Back）：这种方式是只在 payload 放置 id 属性，然后 consumer 通过回调的形式获取更多数据。这种形式会加重系统的负载，可能会引起性能问题。

7.5.5 边界上下文

领域实体的意义是有上下文的，比如同样是 Apple，在水果店和苹果手机专卖店中表达出的含义就完全不一样。边界上下文（Bounded Context）的作用是限定模型的应用范围，在同一个上下文中，要保证模型在逻辑上统一，而不用考虑它是不是适用于边界之外的情况。

那么不同上下文之间的业务实体要如何实现交互呢？就像关系数据库和对象之间需要 ORM 一样，不同上下文之间的实体也需要映射。在 DDD 中，这种机制叫作上下文映射（Context Mapping），我们可以使用防腐层（Anti-Corruption）来完成映射的工作。

如图 7-11 所示，在我们开发的 CRM 系统中，商家的客户大部分是来自于 ICBU 网站的会员，虽然二者有很多属性都是一样的，但我们还是有必要引入防腐层来做上下文映射，主要有以下两个原因。

（1）虽然属性大部分一样，但二者的作用和行为在各自上下文中是不一样的。

（2）解耦影响，加入了防腐层之后，网站的会员变化就不会影响到 CRM 系统了。

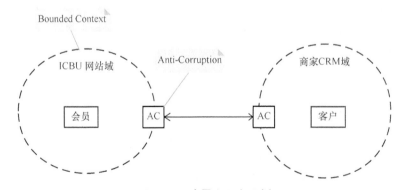

图 7-11 边界上下文示例

7.6　领域建模方法

7.6.1　用例分析法

1. 方法介绍

用例分析法是进行领域建模中最简单可行的方式，其步骤如下。

（1）获取用例描述

既然领域模型指的是问题域模型，那么建模也一定要从问题域入手。那么问题域的知识如何表现出来呢？一种最常见的方式是通过用例，也可以通过场景（Scenario）来分析，总之就是一段格式化的需求文字描述。

（2）寻找概念类

寻找概念类就是对获取的用例描述进行语言分析，识别名词和名词短语，将其作为候选的概念类。当然，需求描述中的名词不可能完全等价于概念类，自然语言中的同义词和多义词都需要在此处进行区分。还有很多名词可能只是概念类的属性，不过没关系，在这一步骤中可以都提取出来，在第 4 步中再区分出概念类和属性。

（3）添加关联

关联意味着两个模型之间存在语义联系，在用例中的表现通常为两个名词被动词连接起来，如图 7-12 所示。

在添加关联关系时要注意以下几点。

- 并非所有动词关联的概念类都需要作为关联存在，更重要的是我们需要判断两个概念类的关系是否需要被记住。

- 应该尽量避免加入大量关联。

- 关联不代表数据流，也不代表系统调用关系。

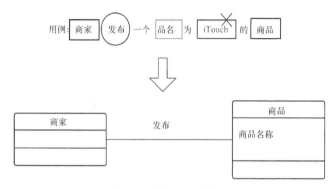

图 7-12　语义分析示例

（4）添加属性

我们需要区分概念类和属性（当然名词列表也会有无用的词语）。例如，对于上文抽取到的名词列表，"品名"是"商品"的属性，"iTouch"为无用的词语。

如何判断一个名词是否是属性？可以用下面两种方式。

- 能完全通过基本数据类型（数字、文本、日期）表达的大多是属性。

- 如果一个名词只关联一个概念类，并且其自身没有属性，那么它就是另一个概念类的属性。

（5）模型精化

模型精化是可选的步骤，有时我们希望在领域模型中表达更多的信息，这时会利用一些新的手段来表达领域模型，包括泛化、组合和子域划分等。领域模型可以使用 UML 的泛化和组合表达模型间的关系，表达的是概念类的 "is-a" 和 "has-a" 的关系。子领域划分是常见的拆解领域的方式，通常来说，我们会将更内聚的一组模型划分为一个子领域，形成更高一层的抽象，有利于系统的表达和分工。

2. 案例介绍

下面举例说明，内容来自论文 "Object-Oriented Analysis from Textual Specifications"，文中讲述了如何通过自然语言分析来做面向对象分析。

用例描述如下所示：

Vendors may be sales employees or companies. Sales employees receive a basic wage and a commission, whereas companies only receive a commission. Each order corresponds to one vendor only, and each vendor has made at least one order, which is identified by an order number. One basic wage may be paid to several sales employees. The same commission may be paid to several sales employees and companies

接下来，我们按照用例分析法的步骤来建模。

（1）寻找概念类

首把所有名词标记出来，作为概念类的候选类：vendors, sales employees, companies, basic wage, commission, order, order number。

（2）添加关联

如图 7-13 所示，接下来为名词添加关联，连接这些名词的动词会出现在关联的线上。注意，根据上面的用例，我们还不清楚给供应商（Vendor）支付佣金（Commission）的主体是谁，但这并不妨碍在本阶段的建模。

图 7-13　添加关联示例

（3）添加属性

最后，为这些候选的概念类选择属性。在本例中，如果一个概念类只处于一个被动的关联关系中（如 Basic Wage, Commission, OrderNumber），那么它需要作为关联类的属性，如图 7-14 所示。

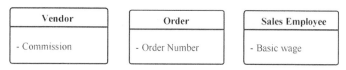

图 7-14　添加属性示例

7.6.2　四色建模法

1.　方法介绍

四色建模法源于 Peter Coad 的 *Java Modeling In Color With UML* 一书，它是一种模型的分析和设计方法，要把所有模型分为 4 种类型，用 4 种颜色表示，如图 7-15 所示。

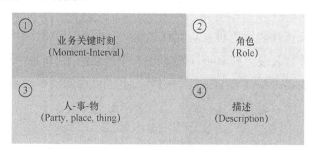

图 7-15　四色模型

在四色模型中，我们将抽象出来的对象分成 4 种原型（archetype）。

（1）业务关键时刻（Moment-Interval）

这种对象表示那些在某个时间点存在或者会存在一段时间。这样的对象往往表示了一次外界的请求，比如一次询价（Quotation）、一次下单（Order）

或者一次租赁（Rental）。

Moment-Interval 是最重要的一类对象，是系统的价值所在，一般用粉红色来表示。这样的对象一般有一个起始时间和终止时间，以及一个唯一的标识号，用来唯一地标识这一次客户请求，比如 OrderNo。

注意，"业务关键时刻"是我给"Moment-Interval"起的中文名称，本来想直译为"时刻-时间段"，但感觉"时刻-时间段"不能体现出这种对象类型的重要性。

（2）角色（Role）

这种对象表示一种角色，往往由人或者物来承担，会有相应的责任和权利。一般，一个 Moment-interval 对象会关联多个 Role。例如，一次下单涉及两个 Role，分别是客户（Customer）和商品（Product）。

这类对象是除 Moment-interval 对象之外最重要的一类对象，一般用黄色来表示。

（3）人-事-物（Party,Place or Thing）

这种对象往往表示一种客观存在的事物，例如人、组织、产品或者配件等，这些事物会在一种 moment-interval 中扮演某个 Role。例如，某个人既会在一次购买中扮演 Customer 的角色，也可以在询价中扮演询价人的角色。这类对象的重要程度排在第三，一般用绿色来表示。

（4）描述（Description）

这种对象一般是用于分类或者描述性的对象，它的属性一般是这一类事物都有的属性，一般用蓝色来表示。

2. 案例介绍

下面通过一个电商业务场景，来介绍如何通过四色模型进行建模，该案例来自 InfoQ 的文章《运用四色建模法进行领域分析》。

用户故事如下：

现在你是一家在线电子书店的 COO。突然有一天，有一位顾客向你投诉，说他订购的书少了一本，并且价钱算错了，他多给了钱。在承诺理赔之前，你需要核对这位顾客说的是否属实。那么这时你需要知道什么样的信息才能做出准确的判断。

简单来说，你需要知道这位顾客订购了哪些书籍、付了多少钱，以及书店到底为这个顾客递送了哪些书籍。不幸的是，由于科技不够发达，你无法直接驾驶时间机器回到从前去亲眼看看发生了什么事。但幸运的是，你并不需要这么做，你只需要看看这位顾客的订单和网银的支付记录，以及你们书店交给 EMS 的快递单存根，就可以知道这些信息了。

从上面这个故事中我们可以看到：**任何的业务事件都会以某种数据的形式留下足迹。**我们对于事件的追溯可以通过对数据的追溯来完成。正如在故事中，你无法回到从前去看看到底发生了什么，但是却可以在单据的基础上，一定程度地还原当时事情发生的场景。当把这些数据的足迹按照时间顺序排列起来，我们几乎可以清晰地推测出在过往的一段时间内发生了哪些事情。

为什么这些业务数据具备可追溯性（Tracibility）呢？因为这些数据都是关键业务流程执行的结果。如图 7-16 所示，比如**订单**是业务的起点，而**快递存根**是业务的终点，正是这些数据在支撑运营体系的关键流程的执行结果。

除了上述例子之外，对于任何一笔正常的经济往来，我们需要知道如下内容。

- 如果我付出一笔资金，那么我的权益是什么？

- 如果我收到一笔资金，那么我的义务是什么？

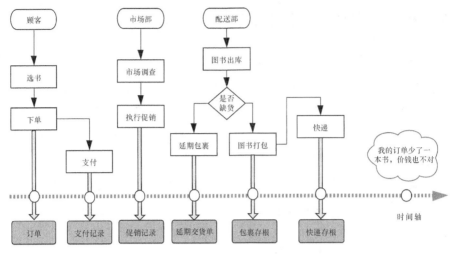

图 7-16　在线电子书店的关键业务流程

　　这些问题都需要业务系统捕捉到相应的足迹才能够回答,所以企业的业务系统的主要目的之一,就是记录这些足迹,并将这些足迹形成一条有效的追溯链。

　　足迹通常都具有一个有意思的特性,即它们是 Moment-interval(要么是"时间时刻",要么是"时间段")的。发现这些业务关键时刻对象就是建模的起点。对这些对象稍加整理,我们就能得到图 7-17 所示的整个领域模型的骨干。

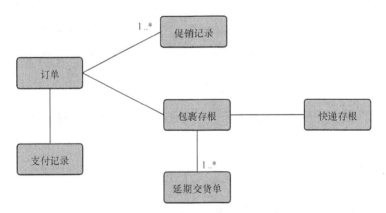

图 7-17　在线电子书店的业务关键时刻对象

　　在得到骨干之后,我们需要丰富这个模型,使它可以更好地描述业务概念。这时我们需要补充一些实体对象，通常实体对象有 3 类，即人-事-物（Party，Place or Thing），如图 7-18 所示。

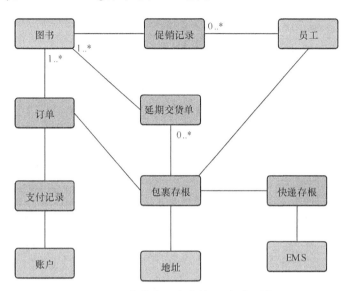

图 7-18 在线电子书店的人-事-物对象

在这个基础上，我们可以进一步抽象，将这些实体参与到各种不同的流程中去，这时就需要用到角色（Role），如图 7-19 所示。

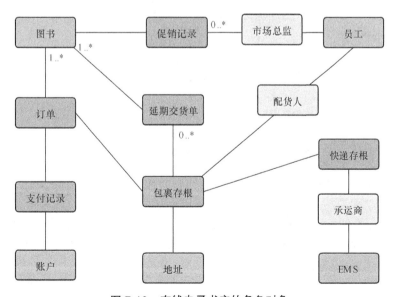

图 7-19 在线电子书店的角色对象

最后，把一些需要描述的信息放入描述（Description）对象，如图 7-20 所示。

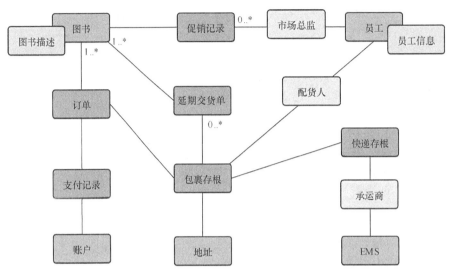

图 7-20　电子书店的描述对象

这样，我们就得了应用四色建模方法建立的一套领域模型。简要回顾一下上面的过程，不难发现此次建模的次序和重点。

（1）首先以满足管理和运营的需要为前提，寻找需要追溯的事件，或者称为关键业务时刻。

（2）根据这些需要追溯，寻找足迹以及相应的关键业务时刻对象。

（3）寻找"关键业务时刻"对象周围的"人-事-物"对象。

（4）从"人-事-物"中抽象出角色。

（5）把一些描述信息用对象补足。

由于在第一步中我们就将管理和运营目标作为建模的出发点，因此整套模型实际上是围绕"如何有效地追踪这些目标"而建立的，这样可以保证模型能够支撑企业的运营。

7.7 模型演化

建模不是一次性的工作，也不可能是一次性的工作。业务在变化，我们对业务的理解在变化，因此模型也要随之变化。就像生产力和生产关系，当生产关系不能满足生产力发展时，一轮变革就在所难免了。

建模的过程很像盲人摸象，不同背景人用不同的视角看同一个东西，其理解也是不一样的。比如两个盲人都摸到大象鼻子，一个人认为是像蛇（活的能动），而另一个人认为像消防水管（可以喷水），那么他们将很难集成，双方都无法接受对方的模型。

事实上，**他们需要一个新的抽象，这个抽象需要把蛇的"活着的特性"与消防水管的"喷水功能"合并到一起**，而这个抽象还应该排除前两个模型中一些不确切的含义和属性，比如毒牙或者卷起来放到消防车上去的行为。此时，这个新的抽象也许还不叫大象鼻子，但是已经很接近大象鼻子的属性和功能了，随着对模型对象和业务理解的深入，我们会不断调整演化模型，使其越来越逼近真相。

世界上唯一不变的就是变化，模型和代码一样，也需要不断地重构和演化。在每一次演化之后，开发人员应该对领域知识都会有更加清晰的认识，这使得理解上的突破成为可能。通过一系列快速的改变，我们得到了更符合用户需要且更加切合实际的模型，其功能性及说明性急速提升，而复杂性却随之降低。这种突破需要我们对业务有更加深刻的领悟和思考。

7.8 为什么 DDD 饱受争议

要不要 DDD？如何实现 DDD？在业界一直是有争议的话题，虽然很多团队声称自己是 DDD 的，但是能够把 DDD 运用得很好并从中受益的团队并不多。我就见过有团队花大力气去做 DDD 的转型，结果系统的复杂度不但没有降低，反而变得更加复杂，又不得不花大力气改回 Service+DAO 的贫血模式。

为什么 DDD 项目会失败呢？这里说的"失败"并不仅仅指项目做不出来，很少有项目是通过"写代码"实现不了的，这里的"失败"更多地是指项目没有达到预期的控制复杂度的效果。以我的经历来看，DDD 项目失败的主要原因如下。

7.8.1　照搬概念

很多人是通过阅读《领域驱动设计：软件核心复杂性应对之道》开始入门领域驱动设计的，这本书中提到了很多概念，比如 Repository、Domain 和 ValueObject 等，但是初学者可能会误认为在项目架构中加入 Repository、Domain 和 ValueObject 就变成了 DDD 架构。如果没有悟出其精髓就在项目中加入这些概念，那充其量也不过是"老三层架构"的变种；反之，对于一个面向对象分析的高手而言，不使用这些概念也可以实现领域驱动设计。很多失败的 DDD 项目，都是因为团队教条地照搬概念，而没有领会 DDD 的精髓导致的，这一点非常值得我们注意。

7.8.2　抽象的灵活性

不同的人看问题的角度和对业务的理解各不相同，对未来的前瞻性思考也有所不同，这就导致在对同一个业务进行建模时经常会出现分歧。更麻烦的是，这些不同的模型通常都能工作，没有一个绝对的标准判断哪个模型更"正确"。

不同于纯粹的技术，领域建模的确十分依赖经验，更加依赖个人的综合能力。因此，如果团队决定实施 DDD，必须要有一个经验丰富的人来带领，否则，不合理的抽象还不如没有抽象。

7.8.3　领域层的边界

在 DDD 的架构中，核心部分是领域层。但是领域层的边界在哪里，如何划分 Application 层逻辑和 Domain 层逻辑是很模糊的，在实际项目中，架构层次边界的模糊也会导致项目结构混乱无序。

图 7-21 是一个非常流行的关于 DDD 架构的分层结构，我们可以看到 Domain 是对 Infrastructure 有依赖的。在开始实践 DDD 时，包括 COLA 1.0，我们都采用了这种分层机制。

也经常有人问我，Repository 要放在哪里，是放在 Domain 层，还是 Infrastructure 层？

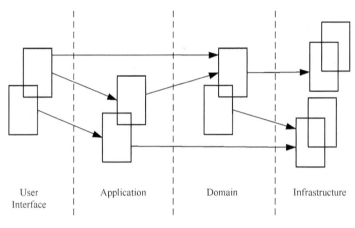

User Interface　　　Application　　　Domain　　　Infrastructure

图 7-21　DDD 的架构分层

一开始我对这个问题是不以为然的，直到读到 Robert C. Martin 的《架构整洁之道》一书，作者提出整洁的架构应该是"核心业务逻辑和技术细节相分离"的，才触发了我对 Domain 依赖 Infrastructure 合理性的重新思考，最终在 COLA 2.0 时，我们决定让 Domain 变得更加独立。

我们可以通过以下两种方式消除 Domain 的依赖问题。

（1）使用依赖倒置，让 Infrastructure 反向依赖 Domain。

（2）将 Repository 上移到 Application 层，也就是把组装 Entity 的责任转移给 Application。

分离之后的架构将是以 Domain 为核心的环状形式，如图 7-8 所示。

这样的设计更加有利于关注点的分离和控制复杂度，具体的做法可以参考 13.6 节。

7.9　本章小结

本章重点介绍了什么是 DDD，对比了传统的数据驱动设计和 DDD 的领域驱动设计之间的区别，以及 DDD 带来的好处和实施 DDD 可能存在的风险。完整的 DDD 理念和方法论是一门庞大的学问，不可能在一章内容中做到面面俱到。本章中所展现的内容是作者结合自身实践，整理出的关于 DDD 的精髓和要义，一定程度上可作为 DDD 的指导手册。

DDD 有一定的学习门槛和学习曲线，还是那句话：不要教条。如果只是照搬 DDD 的概念，最多也只是学到了"形"。真正的面向对象大师，即使不用 Repository、Aggregate Root 和 ValueObject 这些概念，也能很好地完成领域驱动设计。

第二部分　思　想

第 *8* 章

抽象

若想捉大鱼，就得潜入深渊。深渊里的鱼更有力，也更纯净。硕大而抽象，且非常美丽。

——大卫·林奇

软件行业有一个概念，对其了解越深入，我就越会感叹之前的理解是多么肤浅。在很长一段时间里，对这个概念的一知半解阻碍了我对面向对象技术，甚至是软件架构的深层次理解。

实际上，对这个概念的认知偏差，我并非个例，我接触的工程师中能深入理解这个概念的并不多。能把这个概念和建模、面向对象和软件架构进行融会贯通，并进行问题分析、化繁为简的人就更是凤毛麟角了。

因此，我认为很有必要用一章的篇幅深入介绍这个重要的概念——抽象。

8.1 伟大的抽象

没有抽象思维，就没有人类今天灿烂的文明。原始人看到一片满是松树的树林，不会给它们一个名字，而是给每一棵树取一个独特的名字，可能叫 "silisiba"。原始人只知道某棵具体的树。

随着意识水平的发展，人类开始将具有相同特征的事物归并到一起，从"silisiba"到"松树"——到"树木"——到"植物"——到"物质",从具象思维到抽象思维,这个过程人类花了几万年的漫长时间。

赫拉利在《人类简史》中说,"人类之所以成为人类,是因为人类能够想象"。这里的想象,我认为很大程度上是指抽象能力。正是抽象思维帮助人类从具体事物中抽象出各种概念,再用这些概念去构筑种种虚构的故事。这些概念包括经济(例如货币、证券)、文学、艺术和科学等,都是建立在抽象的基础之上的。

8.2 到底什么是抽象

抽象和具象是相对应的概念,"抽"就是抽离,"象"就是具象。从字面上理解抽象,就是从具体中抽离出来。英文的抽象 abstract 来自拉丁文 abstractio,它的原意是排除、抽出。

按照维基百科上的解释,抽象是指为了某种目的,对一个概念或一种现象包含的信息进行过滤,移除不相关的信息,只保留与某种最终目的相关的信息。例如,一个"皮质的足球",我们可以过滤它的质料等信息,得到更一般性的概念,也就是"球"。从另一个角度看,抽象就是简化事物,抓住事物本质的过程。

按照这个定义,"苹果"就是一个抽象,是对"苹果"这个概念的统称,它抹去了单个苹果对象的特征,不管是大的小的、甜的不甜的、红的不红的,都叫作"苹果"。

在绘画流派中,有一种流派叫抽象主义,最著名的抽象派大师就是毕加索,图 8-1 所示是毕加索画的牛。

毕加索的画中只有几根线条,却是做了高度抽象之后的线条,过滤了绝大部分水牛的细节,只保留了牛的最主要的一些特征。正因为其抽象层次更高,因此其泛化能力更强,"抽象牛"不仅可以表示水牛,也可以表示黄牛、奶牛、野牦牛……只要是牛都逃不过这几根线。可以说,抽象更接近问题的本质。

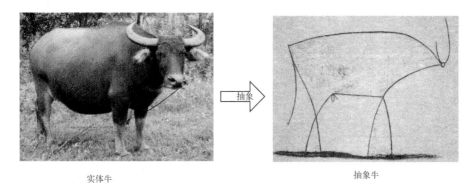

实体牛　　　　　　　　　　　　　抽象牛

图 8-1　实物牛和抽象牛的对比

8.3　抽象是 OO 的基础

面向对象（Object Oriented，OO）的思考方式，就是万物皆对象。抽象帮助我们将现实世界的对象抽象成类，完成从现实世界的概念到计算机世界的模型的映射。例如，有一堆苹果，如果对其进行抽象，我们可以得到 Apple 这个类，通过这个类，我们可以实例化一个红色的苹果：new Apple("red")。此时，如果我们需要把香蕉、橘子等水果也纳入考虑范围，那么 Apple 的抽象层次就不够了，我们需要 Fruit 这个更高层次的抽象来表达"水果"的概念。

面向对象的思想主要包括 3 个方面：面向对象的分析（Object Oriented Analysis，OOA）、面向对象的设计（Object Oriented Design，OOD），以及我们经常提到的面向对象的编程（Object Oriented Programming，OOP）。

OOA 是根据**抽象关键问题域来分解系统**。OOD 是一种提供符号设计系统的面向对象的实现过程，它用非常接近实际领域术语的方法把系统构造成"现实世界"的**抽象**。OOP 可以看作一种在程序中包含各种独立而又互相调用的对象的思想，这与传统的思想刚好相反，传统的程序设计主张将程序看作一系列函数的集合，或者更直接些，就是一系列对计算机下达的指令。

可以看到，抽象贯穿于 OO 的始终，是 OO 的前提和底层能力，抽象能力差的人是很难做好 OO 的。

8.4　抽象的层次性

对同一个对象的抽象是有不同层次的。层次越往上，抽象程度越高，它所包含的东西就越多，其含义越宽泛，忽略的细节也越多；层次越往下，抽象程度越低，它所包含的东西越少，细节越多。也就是我们常说的，内涵越小，外延越大；内涵越大，外延越小。不同层次的抽象有不同的用途。

有一次在家，女儿问我："爸爸你会不会画猫？"我说，"会呀"。然后她又问："那你会画房子吗？"我说，"也会呀"。她有点失落，然后看看外面问："那你会不会画城市？"。为了让女儿开心，我跟她说："城市那么大，爸爸不会画。"她还太小，以为画城市就要把城市的每个细节都画出来，不知道抽象是有层次的。

这种抽象的层次性基本可以体现在任何事物上，以下是对一份报纸在多个层次上的抽象。

（1）第一层：一个出版物。

（2）第二层：一份报纸。

（3）第三层：《旧金山纪事报》。

（4）第四层：5 月 18 日出版的《旧金山纪事报》。

（5）第五层：我拥有的 5 月 18 日出版的《旧金山纪事报》。

如果我要统计美国有多少家出版单位，那么就要用到第一层"出版单位"的抽象。如果我要查询旧金山 5 月 18 日当天的新闻，那么就要用到第五层的抽象。

分层抽象在软件的世界里随处可见，是软件架构的核心，也是我们构建当今信息帝国的基石。有一句名言，"软件领域的任何问题，都可以通过增加一个间接的中间层来解决。"这种分层在某种意义上也是抽象的分层，每一层的抽象只关注本层相关的信息，对上层屏蔽复杂性，从而简化整个系统的设计。

例如，我们的系统就是分层的。最早的程序直接运行在硬件上，开发成本非常高。然后慢慢开始有了操作系统，操作系统提供了资源管理、进程调度、输入输出等所有程序都需要的基础功能，开发程序时调用操作系统的接口就可以了。再后来发现操作系统也不够用，于是又有了各种运行环境（如 JVM）。

编程语言也是一种分层的抽象。机器理解的其实是机器语言，即各种二进制的指令。但是使用二进制编程效率极低，所以我们用汇编语言抽象了二进制指令，用 C 语言抽象了汇编语言，而高级语言 Java 抽象了低级语言。

很难想象，如果没有抽象分层，人类该如何应对软件世界这么高的复杂度。阿里巴巴的软件系统的复杂度绝对不亚于一个城市，若是没有抽象分层，就像要在一张画布上画出整个城市的细节，从摩天大厦到门把手，从公园到街道上的猫，其画面难以想象……

8.5 如何进行抽象

8.5.1 寻找共性

简单来说，抽象的过程就是合并同类项、归并分类和寻找共性的过程。也就是将有内在逻辑关系的事物放在一起，然后给这个分类进行命名，这个名字就代表了这组分类的抽象。

我们的生活中无时无刻不在进行着这样的抽象，语言本身就是对现实世界的抽象符号表达。比如当你说"花"的时候，就使用了抽象概念，它包含了各种各样、万紫千红的花的本性。

在我们写代码的过程中，如果遇到大量重复或者部分重复的代码，往往意味着抽象的缺失，可以通过合并归类来进行优化。

例如，我们在一个应用中大量使用搜索的功能，因为搜索的条件比较复杂，所以系统中充斥着大量的如下所示的代码：

```
//取默认搜索条件
List<String> defaultConditions = searchConditionCacheTunnel.
getJsonQueryByLabelKey(labelKey);
    for(String jsonQuery : defaultConditions){
        jsonQuery = jsonQuery.replaceAll(SearchConstants.SEARCH_
DEFAULT_PUBLICSEA_ENABLE_TIME, String.valueOf(System.currentTimeMillis() /
 1000));
        jsonQueryList.add(jsonQuery);
    }
    //取主搜索框的搜索条件
    if(StringUtils.isNotEmpty(cmd.getContent())){
        List<String> jsonValues = searchConditionCacheTunnel.
getJsonQueryByLabelKey(SearchConstants.ICBU_SALES_MAIN_SEARCH);
        for (String value : jsonValues) {
            String content = StringUtil.transferQuotation(cmd.
getContent());
            value = StringUtil.replaceAll(value, SearchConstants.
SEARCH_DEFAULT_MAIN, content);
            jsonQueryList.add(value);
        }
    }
```

这样的代码不是出现在一个地方，而是散落在需要搜索查询的地方，总共几十处。随着时间的推移，这样的重复代码可能还会继续增加，如图8-2所示。

图8-2　散落在各处的搜索代码

问题就在于抽象的缺失。首先，对于搜索条件，我们可以用 SearchCondition 这个类进行抽象和封装；其次，对于组装搜索条件的过程，我们可以用 SearchConditionAssembler 类进行抽象。添加这两个抽象之后，我们再对原来的代码进行重构，消除重复后的代码如下所示：

```
public class SearchConditionAssembler {
    public static SearchCondition assemble(String labelKey){
        String jsonSearchCondition = getJsonSearchConditionFromCache
(labelKey);
        SearchCondition sc=assembleSearchCondition(jsonSearchCondition);
        return sc;
    }
}
```

因此，合并同类项，找到共性，再给这个共性命名的过程就是一个简单的抽象过程。

然而有些时候，发现共性的过程并不像重复代码这么简单直观，需要对问题域有深入理解。例如，如果你不了解 CRM 领域，就很难做出"公海"和"私海"的抽象。有时，可能还需要动用非凡的想象力。

8.5.2　提升抽象层次

当我们发现有些东西无法归到一个类别中时，该怎么办呢？此时，我们可以通过上升一个抽象层次的方式，让它们在更高的抽象层次上产生逻辑关系。

例如，你可以合乎逻辑地将苹果和梨归类为水果，也可以将桌子和椅子归类为家具。但是怎样才能将苹果和椅子放在同一组中呢？仅仅提高一个抽象层次是不够的，因为上一个抽象层次是水果和家具的范畴。因此，你必须提高到更高的抽象层次，比如将其概括为"商品"。

如果我们想把大肠杆菌也纳入其中，该怎么办呢？此时，"商品"这个抽象也不够用了，需要再提高一个抽象层次，比如叫"物质"（见图 8-3）。但是这样的抽象太过于宽泛，难以说明思想之间的逻辑关系。类似于我们在 Java 中的顶层父类对象（Object），万物皆对象。

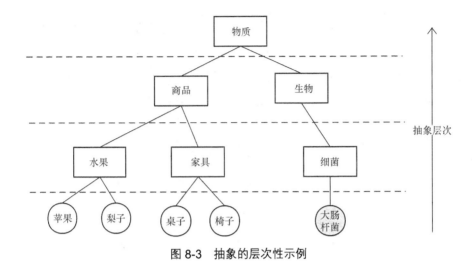

图 8-3 抽象的层次性示例

在开发工作中，很多时候就需要通过抽象层次的提升来提高代码的可读性和通用性。

举个例子，现在有 Apple 和 Watermelon 两个类，都继承自 Fruit。对于苹果来说，我们认为甜度大于 60 就是好的；对于西瓜，我们认为水分大于 60 就是好的。两个类的代码如下所示。

（1）Apple 类：

```
public class Apple extends Fruit{
    private int sweetDegree;

    public boolean isSweet(){
        return sweetDegree > 60;
    }
}
```

（2）Watermelon 类：

```
public class Watermelon extends Fruit{
    private int waterDegree;

    public boolean isJuicy(){
        return waterDegree > 60;
    }
}
```

此时，我们需要把好的水果挑出来，不难写出一个 FruitPicker（挑选水果的类），其代码如下：

```java
public class FruitPicker {

    public List<Fruit> pickGood(List<Fruit> fruits){
        return fruits.stream().filter(e -> check(e)).
                collect(Collectors.toList());
    }

    private boolean check(Fruit e) {
        if(e instanceof Apple){
            if(((Apple) e).isSweet()){
                return true;
            }
        }
        if(e instanceof Watermelon){
            if(((Watermelon) e).isJuicy()){
                return true;
            }
        }
        return false;
    }
}
```

这里的代码有个问题，就是 instanceof 的使用。为了判断苹果和西瓜是否好，我们需要借用 instanceof 获得具体的对象才能完成。

面对这种情况，可以考虑是否要做抽象层次的提升。进一步考查，我们会发现，不管是 Apple 的 isSweet()，还是 Watermelon 的 isJuicy()，本质上都是在判断水果是否可口。因此，我们完全可以在 Fruit 上定义一个 isTasty()，如图 8-4 所示。

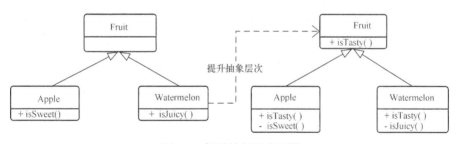

图 8-4　提升抽象层次示例

通过提升抽象层次，我们有了新的 Fruit 类：

```java
public abstract class Fruit {
    //提升抽象层次，需要一个新方法来表达这个抽象
    public abstract boolean isTasty();
}
```

再回头看一下 FruitPicker，已经不再需要 instanceof 来做辅助判断了：

```java
public class FruitPicker {

    public List<Fruit> pickGood(List<Fruit> fruits){
        return fruits.stream().filter(e -> check(e)).
                collect(Collectors.toList());
    }

    //不再需要 instanceof
    private boolean check(Fruit e) {
        return e.isTasty();
    }
}
```

通过上面的示例可以看到，提升了抽象层次的代码的通用性也随之提升，程序更好地满足了 LSP（里式替换原则）。因此，每当我们有强制类型转换，或者使用 instanceof 时，都值得停下来思考一下，是否需要做抽象层次的提升。

8.5.3　构筑金字塔

《金字塔原理》是一本教人如何进行结构化思考和表达的书，核心思想是通过归类分组搭建金字塔结构，这是一种非常有用的思维框架，让我们更加全面地思考，在表达观点时更加清晰。

书中提到，要自下而上地思考，总结概括；自上而下地表达，结论先行。其中，自下而上总结概括的过程就是抽象的过程，构建金字塔的过程就是寻找逻辑关系、抽象概括的过程。经常锻炼用结构化的方式去处理问题，搭建自己的金字塔，可以帮助我们理清问题的脉络，提升抽象能力。

金字塔结构让我们通过抽象概括将混乱无序的信息形成不同的抽象层次，从而便于理解和记忆，这是一个非常实用的方法论。

举个例子，你要出门买报纸，你妻子让你带点东西回来并列了一个清单，里面有葡萄、橘子、咸鸭蛋、土豆、鸡蛋、牛奶和胡萝卜。当你准备出门时，你妻子说，"顺便再带点苹果和酸奶吧"。

如果不用纸笔写下来，你还能记住妻子让你买的 9 样东西吗？大部分人应该都不能，因为我们的大脑短期记忆无法一次容纳 7 个以上的记忆项目并超过 5 个小时，我们就会开始将其归类到不同的逻辑范畴，以便记忆。

对于葡萄、橘子、牛奶、咸鸭蛋、土豆、鸡蛋、胡萝卜、苹果和酸奶，我们可以按照逻辑关系进行分类，搭建一个金字塔结构，如图 8-5 所示。

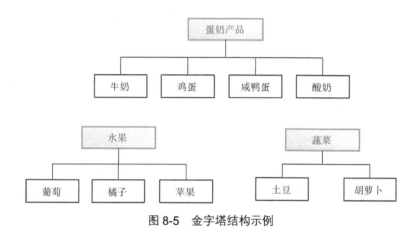

图 8-5 金字塔结构示例

分类的作用不只是将一组中的 9 个概念分成每组各有 4 个、3 个和 2 个概念的 3 组概念，因为这样还是 9 个概念。你所要做的是提高一个抽象层次，将大脑需要处理的 9 个概念变成 3 个概念。

这样，你无须再记忆 9 个概念中的每一个概念，仅需记忆 9 个概念所属的 3 个组。思维的抽象程度提高了一层，由于处于较高层次的思想总是能够提示其下面一个层次的思想，因而更容易理解和记忆。

8.6 如何提升抽象思维

讲了这么多关于抽象的概念，抽象思维又是如此重要。那有没有办法来锻炼和提升我们的抽象思维呢？

　　当然有，抽象思维也是可以习得的。婴幼儿没有抽象思维，你和他玩躲猫猫游戏，把他的眼睛蒙上，他就以为你消失了，再放开，他看到你就会很高兴。因为他只能意识到你这个具象的人，意识还到不了抽象的程度。理解具象的内容要更加简单容易，而理解抽象内容则要困难和复杂很多。

8.6.1　多阅读

　　为什么阅读书籍比看电视更好呢？因为图像比文字更加具象，阅读的过程可以锻炼我们的抽象能力、想象能力，而看画面时你的大脑会被铺满，较少需要抽象和想象。

　　这也是我们不提倡小孩子过多地看电视或玩手机的原因，因为不利于锻炼其抽象思维。

　　抽象思维的差别使孩子们的学习成绩从初中开始分化，许多不能适应这种抽象层面训练的孩子可能选择去读职业技校，因为这里比大学更加具象——车铣刨磨、零件部件等都是能够看得到、摸得到的。

8.6.2　多总结

　　小时候，我们可能不理解语文老师为什么总是要求我们总结段落大意、中心思想。现在回想起来，这种思维训练在基础教育中是非常必要的，其实质就是帮助学生提升抽象思维的能力。

　　做总结最好的方式就是写文章，小到博文，大到一本书，都是锻炼自己抽象思维和结构化思维的机会。记录也是很好的总结习惯。以读书笔记来说，最好不要原文摘录书中的内容，而是要用自己的话总结归纳，这样不仅可以加深理解，还可以提升自己的抽象思维能力。

　　现实世界纷繁复杂，只有具备较强的抽象思维能力的人，才能够具备抓住事物本质的能力。

8.6.3　领域建模训练

对于技术人员来说，还有一个非常好的提升抽象能力的手段——领域建模。当我们对问题域进行分析、整理和抽象时，或对领域进行划分和建模时，实际上都是在锻炼我们的抽象能力。

关于这一点，我深有感触。当开始使用第 6 章中介绍的建模方法论进行建模时，我会觉得无从下手，建出来的模型也很别扭。然而，经过几次锻炼之后，我很明显地感觉到自己的建模能力和抽象能力有所提升，不但分析问题的速度更快了，而且建出来的模型也更优雅了。

8.7　本章小结

"抽象"作为名词，代表着一种思维方式，它的伟大之处在于可以让我们撇开细枝末节，去把握事物更本质、更一般的特性，从而更有效地对问题域进行分析设计。"抽象"作为动词，代表着一种能力，它是我们理解概念、理清概念之间逻辑关系的基础，也是我们面向对象分析设计所要求的底层能力。

归纳总结，合并同类项是进行抽象活动时最有效的方法。同时，我们也要注意到抽象是有层次性的。当一个概念无法涵盖其外延的时候，我们有必要提升一个抽象层次来减少它的内涵，让其有更大的外延。

建议读者一定要多多培养自己的抽象思维。阅读、写文章，以及逻辑思维训练都是提升抽象思维能力非常好的方式。只要坚持学习和锻炼，你慢慢就能体会到一种不一样的美——抽象之美。

第 *9* 章

分治

要把大象装冰箱，拢共分几步？

——小品《钟点工》

分治和抽象一样，都是人类进化过程中形成的伟大智慧，也是我们解决复杂问题的不二选择。人的思维要从一个字节大幅跨越到几百兆字节，也就是 9 个数量级（现阶段，后面还要再加 N 个零）。如此复杂的问题域，如果不进行分治，是远远超出人类智力范围的。

分治的价值在于，我们不应该试着在同一时间把整个问题域都塞进自己的大脑，而应该试着以某种方式去组织问题，以便在一个时刻专注于一个特定的部分。这样做的目的是尽量降低在任意时间所要思考问题的复杂度。

本章将介绍分治思想在软件领域的一些典型应用，以此加深我们对分治的理解和认知，让分治的理念融入我们的潜意识中，使我们在开发工作中灵活地使用分层、分场景和分步骤等解决办法，化解软件设计中的复杂问题，从而写出可读性更好的代码，开发出可维护性、可扩展性更好的系统。

9.1　分治算法

我记得在学校上算法课时，老师介绍的第一个算法思想就是分治算法，这是一种高效、简洁、优美的算法思想。分治算法主要包含两个步骤——分、治。"分"就是递归地将原问题分解成小问题；"治"则是在解决了各个小问题（各个击破）之后合并小问题的解，从而得到整个问题的解。

分治法解题的一般步骤如下。

（1）分解：将要解决的问题划分成若干规模较小的同类问题。

（2）求解：当子问题划分得足够小时，用较简单的方法解决。

（3）合并：按原问题的要求，将子问题的解逐层合并，构成原问题的解。

9.1.1 归并排序

分治算法一般都可以写成一个递归表达式。例如，经典的归并排序的递归表达式 $T(N)=2T(N/2)+O(N)$，$T(N)$代表整个原问题，采用了分治解决方案后，它可以表示成如下形式。

（1）分解成规模只有原来一半（$N/2$）的两个子问题：$T(N/2)$。

（2）解决了这两个子问题 $T(N/2)$之后，再合并这两个子问题，需要的代价是 $O(N)$。

归并排序的求解过程如图 9-1 所示。

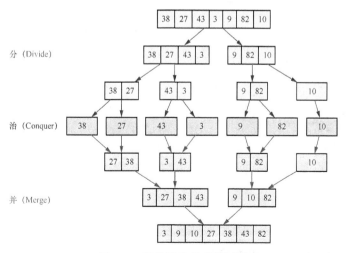

图 9-1 归并排序的求解过程

9.1.2　二分搜索

二分搜索又称为二分查找、折半查找，是一种效率较高的查找方法。比如，数据库中的索引查找方式（哈希索引除外）就是一种二分、三分或者多分查找的算法，分的多少和索引的数据结构相关。

二分搜索要求线性表为有序表，并且要用向量作为表的存储结构。二分搜索的基本思想是先确定待查找记录所在的范围，然后逐步缩小范围，直至找到或找不到该记录位置。

二分查找的步骤如下。

（1）先确定中间位置：middle = (left+right)/2。

（2）将待查找的 key 值与 data[middle].key 值相比较。若相等，则查找成功并返回该位置；否则，需要确定新的查找区间，继续二分查找，具体方法如下。

- 如果 data[middle].key 大于 key，由于 data 为有序线性表，可知 data[middle...right].key 均大于 key，因此若表中存在关键字等于 key 的节点，则一定在位置 middle 左边的子表中。

- 反之，data[middle].key 小于 key，因此若表中存在关键字等于 key 的节点，则一定在位置 middle 右边的子表中，下一次针对新的区域进行查找。

二分查找的 Java 代码实现如下：

```
public static void main(String[] args) {
  int[] a = {1,2,3,4,5,6,7,8,9};
  int pos =bSearch(a, 0, a.length-1, 1);
  System.out.println(pos);
}

public static int bSearch(int[] data,int left,int right,int key){
  //获取中间位置
  int middle = (left+right)/2;
  //比较 key 值如相等，返回当前位置，否则确认新的查找空间
```

```
   if(data[middle] == key){
     return middle;
   }else if(data[middle] >key){
     return bSearch(data, left, middle-1, key);
   }else{
     return bSearch(data, middle+1, right, key);
   }
}
```

9.1.3　K 选择问题

K 选择问题是指，给出 N 个数，找出其中第 K 小的元素。如果直接用穷举法，一共需要比较 $K \times N$ 次，当 K 与 N 有关时，比如 K 是中位数（$K=N/2$），那么时间复杂度为 $O(N^2)$；采用分治，则可把复杂度降低为 $O(N)$。

首先，在 N 个数中选出一个枢轴元素，将比枢轴元素大的元素放到枢轴元素的右边，将比枢轴元素小的元素放到枢轴元素的左边。这样，N 个数被分成了两部分，比枢轴大一部分记为 $S(1)$，比枢轴小的部分记为 $S(2)$，这就是分治的"分"。

假设一种理想的情况，枢轴元素基本位于中间值，即它总是将原数组划分成两个大小基本相等的子数组 $S(1)$ 和 $S(2)$。

要求解第 K 小的元素，有以下 3 种情况。

（1）若 $K < |S(1)|$，则说明第 K 小的元素位于 $S(1)$ 子数组中。其中，$|S(1)|$ 表示 $S(1)$ 数组中元素的个数。

（2）若 $K == |S(1)| + 1$，则说明第 K 小的元素刚好是枢轴元素。

（3）否则，第 K 小的元素位于 $S(2)$ 子数组中。

如果是情况 1 或者情况 2，可以继续递归分解子数组。分解问题之后，将 N 个元素分成了两个 $N/2$ 个元素的子数组，只需要在其中一个子数组中进行查找即可，使用穷举查找，复杂度为 $O(N/2)$。

递归表达式为 $T(N)=T(N/2)+O(N/2)$，解为 $O(N)$，这说明采用分治算法可以将 K 选择问题的时间复杂度降低为 $O(N)$。

9.2 函数分解

函数过大过长是典型的代码"坏味道"，意味着这个函数可能承载着过多的职责，我们有必要"分治"一下，将大函数分解成多个短小、易读、易维护的小函数。第 3 章中已经介绍了大量函数分解的技艺。关于函数分解，在此强调以下两点。

（1）函数长短是职责单一的充分不必要条件，也就是长函数往往意味着职责不单一，但是短函数也不一定就意味着职责单一。

（2）在使用组合函数模式时，要注意抽象层次一致性原则（Single Level of Abstration Principle，SLAP），不同抽象层次的内容放在一起会给人凌乱、逻辑不协调的感觉。

9.3 写代码的两次创造

本书一直在强调，我们不仅要写实现功能的代码，还要写容易理解的好代码。"写出好代码"除了需要好的技艺之外，还要有好的方法论。以我的实践经验来看，优雅的代码很少是一次成形的，大部分情况下要经过两次创造：第一遍实现功能，第二遍重构优化。

9.3.1 第一遍实现功能

不要试图一次就写出"完美的"代码，这样只会拖慢我们的节奏。就像写文章，第一遍可以写得粗糙一点，把大概意思写出来，然后再仔细打磨，斟酌推敲，直到达到理想的样子。

写代码也是如此，第一遍以实现功能为主，可以允许一定的冗长和复杂，比如有过多的缩进和嵌套循环，有过长的参数列表，名称可以随意取，还会有部分的重复代码。第一遍主要是为了理清逻辑，为第二遍的重构优化做好准备。

9.3.2 第二遍重构优化

如果只是止步于功能实现，那么代码最多只是一个半成品。而实际情况是我们的代码库中有太多这样的半成品，导致系统的复杂度不断攀升，越来越难维护。因此，我们需要有第二次创造——重构优化，即在第一遍实现功能的基础上，看一看是否可以做得更好：命名合理吗？职责单一吗？满足 OCP 吗？函数是否过长？抽象是否合理？

第二次创造通常要比第一次创造更费精力、更耗时间，所以很少有人愿意去做第二遍的事情。比如，要你回答 2 加 2 等于几，你凭直觉就知道是 4，但是如果把问题换成 37 × 189，你可能都懒得去算，在心里想没事费这劲干嘛。这也是康纳曼·丹尼尔在《快思慢想》一书中提出的重要理论：系统一（感性）和系统二（理性）。动用系统二会耗费能量，而人类是从贫瘠的远古时代进化而来的，为了保存能量，一般默认的是使用系统一思考，不到万不得已，是不会启动系统二的。

因此，最好的优化肯定不是等系统上线后再去做，因为这样往往就等于"再也不会去做"（later equals never）。优化工作本应该是我们编码工作的一部分，拆成两步，主要对编码效率上的考量。

9.4 分治模式

很多的设计模式都用到了分治的思想。例如，第 5 章中介绍的管道模式，以及没有详细介绍的责任链模式和装饰者模式，其中都有分治的思想。就责任链模式来说，我们不会把处理一件事情需要的所有职责都放在一个组件中，而是放在多个组件中完成，形成一个链条。这样不仅增加了可扩展性，也使每个组件的职责变得更加单一，更容易维护。

以我曾做过的一个服务机器人项目为例，机器人的应答内容会根据页面、场景、类目、租户的不同而展现出不同的内容。从优先级上来说，租户 Handler 的优先级最低，也就是如果前面的 Handler 都没有命中，那么租户 Handler 可以用来兜底，如图 9-2 所示。这种情况下，使用责任链的分治策略是一种比较好的选择。

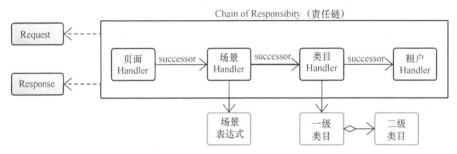

图 9-2　服务机器人响应请求的责任链

9.5　分层设计

分层设计是架构体系设计中最常见和重要的一种结构。分层设计最大的好处是分离关注（Separation of concerns），这样我们就可以通过分层隔离简化一个复杂的问题，让每一层只对上一层负责，从而使每一层的职责变得相对简单。

9.5.1　分层网络模型

网络通信是互联网最重要的基础实施之一，它是一个很复杂的过程，包括 TCP 协议——在不可靠的网络上出现状况要怎么办，IP 协议——把数据包传给谁。需要处理的事情有很多，我们可不可以在一个层次中都处理掉呢？当然是可以的，但显然不科学。因此，ISO 制定了网络通信的七层参考模型，每一层只处理一件事情，低层为上层提供服务，直到应用层把 HTTP 和 FTP 等方便理解和使用的协议暴露给用户。

但是，我们实际在 Internet 中使用的并不是七层模型，而是 TCP/IP 四层模型，如图 9-3 所示。因为七层参考模型过于理想化，过多的分层反而降低了效率，让问题变得更复杂。这里就涉及另一个问题：分层是不是越多越好？当然不是，分层有很多好处，但也有代价。在处理复杂问题时，不能不进行分层，但只分有必要的层。

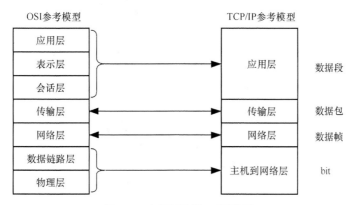

图 9-3　七层模型和四层模型

9.5.2　分层架构

分层架构的目的是通过分离关注点来降低系统的复杂度，同时满足单一职责、高内聚、低耦合、提高可复用性和降低维护成本，也是一种典型的分治思想。

在分层架构中，分层的使用可以进行严格地限制——分层只知道直接的下层；或者可以宽松一些——分层可以访问它之下的任何分层。Martin Fowler 的经验是在实际中使用第二种方式会更好，我的经验也可以验证这个说法，因为它避免了在中间分层创建代码方法（或者完整的代理类），也避免了退化成千层面的反模式。

有时分层会安排领域层将数据源完全隐藏，不让展现层看到。但是更多时候，展现层会直接访问数据存储，这虽然不那么纯粹，但实际却工作得更好。

这种灵活的分层机制实际上是一种开放的分层架构，如图 9-4 所示。

这种不教条和 12.2.2 节中介绍的 CQRS 有着类似的作用，即领域层是可选的，允许应用层绕过领域层直接和基础设施层进行通信。关于架构的更多内容，将在第 12 章详细讨论。

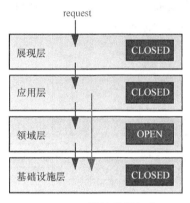

图 9-4　开放的分层架构

9.6　横切和竖切

随着互联网的发展，用户流量呈指数型增长，单体应用已经不能适应发展的需要，分布式架构正在变得越来越重要。如果你经常参加一些技术峰会，可以看到这样的分享：一个小企业从一台应用服务器、一个数据库慢慢壮大，发展成独角兽公司，其架构也随之演变成一个大型分布式系统。

这不是偶然，而是企业架构演化的必然结果，因为只有分治才能应对网络高并发，实现水平扩展。

以分布式数据库为例，我们把原来放在一个数据库中的几千亿数据通过竖切、横切（水平拆分和垂直拆分），切分成相对较小的几十个乃至几千个小数据库，以便满足性能和可用性的要求。所谓竖切，就是按照领域将单体数据库拆分成多个数据库。比如，原来电商数据都是放在一个库中，我们可以按照领域拆分成商品库、会员库、交易库等，如图 9-5 所示。

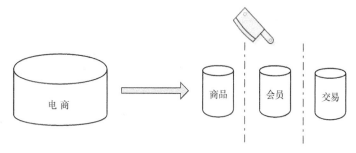

图 9-5　数据库竖切

横切是通过一种数据路由算法对数据进行分片，从而减少一个数据库中的数据量。比如，我们要将会员的交易数据切分成 10 个库，可以用 userId 对 10 进行取模，如图 9-6 所示，这种水平扩展能力在理论上来说提供了无限扩展的可能。

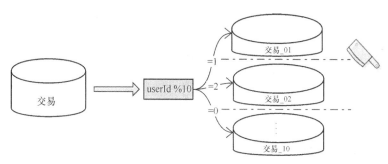

图 9-6　数据库横切

9.7　本章小结

软件产业正在变得越来越庞大和复杂，互联网正在变得越来越激进。我们在同一时间能够关注和处理的信息有限，所以学会分治思想很重要。学会如何对复杂问题进行分层和拆解，是我们解决复杂问题的第一步。本章只介绍了分治思想在软件领域中的一些应用，而实际应用场景要广泛得多，不仅限于软件领域。

第 *10* 章

技术人的素养

未经审视的人生不值得过。

——苏格拉底

在我的工作经历中，会发现有一些技术人员成长很快，能够迅速成为团队的骨干，也有一些技术人员总是在原地踏步，工作十年和工作一年的区别并不大。渐渐地，我发现这些优秀的技术人员都有一些共同的特质和素养，从而帮助他们不断进步，脱颖而出。

10.1 不教条

在软件的世界里没有"银弹"，在技术人的众多素养中，"不教条"占有重要的地位。我在工作过程中看到过太多教条主义的错误，例如，我曾见过一个团队为了做微服务，将本来的一个不大的应用拆分成了几十个微服务应用。

教条的主要原因是我们还停留在有样学样的阶段，导致我们忘记了软件的第一性原理是"控制软件复杂度"。但凡能提高代码可读性、可扩展性和可维护性的方法，都是值得考虑的，并不一定要拘泥于某种特定的开发过程或者编程范式。

就像 *Effective Java* 一书的作者 Joshua Bloch 说的，"同大多数学科一样，学习编程艺术首先要学会基本的规则，然后才能知道什么时候去打破规则"。

10.1.1 瀑布还是敏捷

选择软件开发过程绝不是要么瀑布（Waterfall），要么敏捷（Agile）这么简单。实际上，软件开发的生命周期风格类似一个连续光谱——有从瀑布式到敏捷，以及它们之间的多种可能性。

以我的工作经验来看，软件开发过程并不是软件工程中最大的障碍，不是你花了大量时间在需求分析和设计上，项目就一定会失败；也不是你每天早上花 5 分钟讨论"昨天做了什么，遇到什么问题，今天做什么"，项目就一定能成功。

敏捷开发是基于迭代模型发展起来的一套软件开发指导原则。我们在实际操作中应重视指导原则，弱化方法论。

就像 Scrum 的创始人 Jeff Sutherland 在其敏捷宣言中说的，"我建立 Scrum 模型就是为了把敏捷的价值观糅进一套工具集以便于更好地实践，敏捷模型没有方法论。"

敏捷还有一个误区，就是弱化设计。其实我对此事的认知也是有一个过程的，我是敏捷的极力拥护者，非常感激敏捷让我们摆脱了软件能力成熟度集成模型（Capability Maturity Model Integratio，CMMI）的沉重枷锁。凡事过犹不及，实施敏捷就可以"无设计"吗？设计可以在敏捷过程中自然涌现吗？实践告诉我们，似乎不能。就像盖房子，在盖之前要打牢地基，如果地基还没完工就匆忙建造房子，那么就很难摆脱糟糕的地基了。类似地，系统架构中的基础改动起来会变得困难，从而不得不做出各种妥协和临时方案。

因此，我们需要在大设计和无设计之间找到一种平衡。一个软件从无到有，不管你是瀑布、迭代，还是敏捷，一般会经历下面的过程。

（1）需求：对于系统该做什么，建立并保持与客户和其他涉众的一致意见，定义系统的边界。

（2）分析与设计：将需求转化为系统设计，设计将作为在特定实现环境中的规格说明，包括逐渐形成一个健壮的系统架构，建立起系统不同元素必须用到的共同机制。

（3）实现：编码、单元测试以及对设计进行集成，得到一个可执行的系统。

（4）测试：对实现进行测试，确保它实现了需求，通过具体的展示来验证软件产品是否像预期的那样工作。

（5）部署：确保软件产品能被它的最终用户使用。

基于此，我推荐一种综合了瀑布模式、迭代模式和敏捷思想的软件开发过程。在此提倡根据迭代所处阶段的不同，在不同科目上花不同的时间，如图 10-1 所示，灰色部分代表一个阶段在当前迭代中所花时间的比重。

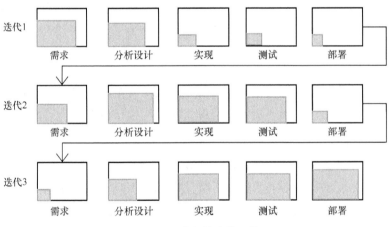

图 10-1　改良的迭代开发

10.1.2　贫血还是充血

一提到事务脚本（Transaction Script）和 DDD，人们就习惯性地给它们扣上贫血[1]和充血的帽子。简单来说，贫血模式提倡模型对象只包含数据，

---

[1] 贫血模式（Anemic Domain Model）是 Martin Fowler 在 2003 年提出的概念。

并提供简单的 Getter 和 Setter；而充血模式提倡数据和行为放在一起，是一种更加面向对象的做法。两种模式都有自己的道理，也都有人支持。

在我看来，这种争执是没有必要的，因为没有抓住问题的本质。问题的核心不在于行为和数据是否在一起，而在于你能否有效地控制复杂度。如果你有很好的面向对象思维，使用贫血也可以写出好的代码；没有面向对象思维，即使采用 DDD，也会陷入复杂性的泥潭。

纠结于贫血还是充血，一方面是因为没有抓住问题的本质，另一方面也源于一种非黑即白的教条思维。就像 4.2 节中的 Rectangle 案例所展示的，行为和数据是否放在一起，只是表现形式的差别，并不是用来区分面向对象和面向过程的关键区别。

10.1.3 单体还是分布式

在业务发展早期，因为用户少、流量少，功能相对简单。如图 10-2 所示，基本上单体（Monolithic）应用架构就足以支撑业务的发展。

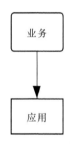

图 10-2 单体应用架构

然而，随着业务的发展和用户的增加，单体应用的局限性开始显现。具有水平扩展性（scale out）的分布式系统架构几乎已经变成互联网公司的标配，如图 10-3 所示。

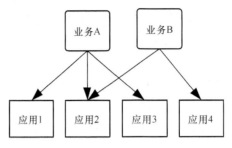

图 10-3　分布式应用架构

虽然面向服务的架构（Service Oriented Architecture，SOA）和微服务有一统天下之势，但是并不代表单体架构就会退出历史舞台，特别是在中台概念提出来以后。中台要求通过集中式的中台管控来提升软件系统的复用，避免趋同的业务重复造轮子的现象。中台的目的就是要通过中台能力来赋能前线业务，提升对前线业务的支撑效率，其架构如图 10-4 所示。

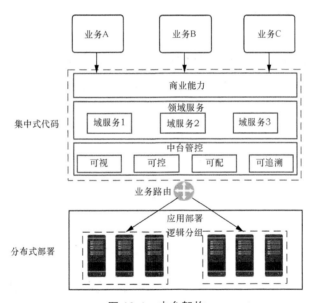

图 10-4　中台架构

可以看到，中台虽然也是对业务进行聚合，但并不是对单体架构的简单回归，而是综合了分布式理念之后升级版的"超级单体"。正是这种不教条和辩证的发展思维，才推动互联网架构不断地向前发展演进。

10.2 批判性思维

批判性思维（Critical Thinking）是一种谨慎运用推理去断定一个断言是否为真的能力。它要求我们保持思考的自主性和逻辑的严密性，不被动地全盘接受，也不刻意地带着偏见去驳斥一个观点。批判性思维也是一项能够被习得，并且通过训练和运用来提高的能力。

技术人员虽然有很强的逻辑推理能力，但不见得都有很强的逻辑思维，我也是如此。在知晓批判性思维之前，我曾吃过很多亏，明知道对方在强词夺理，可就是找不到很好的反驳理由。无论是在公司和同事争辩，还是在家里和老婆斗嘴，几乎没有赢过。后来我学习了一些批判性思维的知识，情况才有所改观，可以抓住对方的一些逻辑漏洞和推理谬误进行反驳，这使我在职场上拿回了不少话语主动权。不过在家里，我依然是输多赢少，后来我才发现，原来家不是一个讲逻辑的地方。

关于训练批判性思维的书有很多，我重点推荐两本，一本是尼尔·布朗写的被誉为批判性思维领域经典读物的《学会提问》，另一本是樊登读书会推荐的《思辨与立场：生活中无处不在的批判性思维工具》。我在读这两本书的时候，经常会有 aha moment（顿悟时刻），真的很有收获。

在《学会提问》一书中，有这样一个案例。

小张："小王真不是个男人，酒吧里那个醉汉威胁说要揍他一顿，他吓得屁滚尿流。"

小李："他要不是男人，你怎么解释他身上那些鼓鼓的二头肌呢？"

你觉得小李的话有道理吗？如果你觉得有点道理，但又觉得有点不对劲，那么就应该去好好读读这本书。这里小李犯了一个典型的推理谬误——偷换概念谬误（Equivocation Fallacy），小张说的"男人"是指"男子气概"，而小李说的"男人"是指"男人生理"，这两个概念是不一样的，这就是问题所在。

10.3　成长型思维

成长的过程中不可能是一帆风顺的，肯定会有痛苦、有阻力、有挫折。面对逆境，我们应该怎么做？有些人也许不堪重负，就此沉沦了，而有些人可以越挫越勇，把每一次失败都当成学习的机会。研究发现，成长型思维（Growth Mindset）和固定型思维（Fixed Mindset）会极大地影响我们面对逆境的处理方式。我在最低迷的时候，正是成长型思维帮我渡过了难关。

斯坦福大学心理学教授卡罗尔·德韦克在经过数十年的研究后，发现了思维模式的力量。她在《终身成长》中提醒我们：我们获得的成功并不是能力和天赋决定的，更多受到我们在追求目标的过程中展现的思维模式的影响。

成长型思维和固定型思维体现了应对成功与失败、成绩与挑战时的两种基本心态。你认为才智和努力哪个更重要、能力能否通过努力改变，决定了你是会满足于既有成果，还是会积极探索新知。通过了解自己的思维模式并做出改变，人们能以最简单的方式培养对学习的热情，以及在任何领域内取得成功都需要的抗压力。

具有成长型思维的人相信自己可以通过学习来提升自我，相信学习和成长的力量，相信努力可以改变智力和能力。我们可以通过图 10-5 所示的对比来判断一个人是"成长型思维"还是"固定型思维"。

我曾经就是一个典型的固定型思维的人，在遇到困难和挫折时很容易引发自我怀疑和自我否定。在了解了成长型思维之后，我开始逐渐转变思维模式，会用更加理性的态度看待一时的成败得失，内心坚定地相信成长和学习的力量。从某种意义上来说，你正在读的这本书也是我在习得了成长型思维之后，才得以写出来的。

技术人员的工作面临着很多的挑战，我们需要具备成长型思维才能应对工作和生活中的压力，这样在遇到问题时，我们才不会轻言放弃，而是会积极主动地去学习，去寻找解决方案。即使最终还是失败了，我们也不会一蹶不振，而是把失败当作学习的机会。

1. 我的态度和汗水决定了一切
2. 我可以学会任何我想学的东西
3. 我想要挑战我自己
4. 当我失败的时候，我学会很多东西
5. 我希望你表扬我很努力
6. 如果别人成功了，我会受别人的启发

1. 我的聪明才智决定了一切
2. 我擅长某些事，不擅长另外一些事
3. 我不想要尝试我可能不擅长的东西
4. 如果我失败了，我就无地自容
5. 我希望你表扬我很聪明
6. 如果别人成功了，他会威胁到我

图 10-5　成长型思维和固定型思维对比图

10.4　结构化思维

在日常工作中，我们时常会碰到有的人讲一件事情的逻辑非常混乱，前后没有逻辑性关联，甚至无法把一件事情说清楚。思维混乱是缺少结构化思维的典型表现。实际上，我们不仅在表达上要结构化，在分析问题时更要有结构化思维，这样才能分析得更全面、深刻。

什么是结构化思维呢？我给结构化思维的定义就是"**逻辑+套路**"。

1. 逻辑

所谓逻辑，是指结构之间必须是有逻辑关系的。例如，你说话时用"第一、第二、第三"这个逻辑顺序是合理的，而如果用"第一、第二、第四"就会显得很奇怪。实际上，组织思想的逻辑只有 4 种。

（1）演绎顺序：比如"大前提、小前提、结论"的演绎推理方式就是演绎顺序的。

（2）时间（步骤）顺序：比如"第一、第二、第三"和"首先、再者、然后"等，大多数的时间顺序同时也是因果顺序。

（3）空间（结构）顺序：比如"前端、后端、数据"和"波士顿、纽约、华盛顿"等，化整为零（将整体分解为部分）等都是空间顺序。在做空间分解时，要注意满足"相互独立，完全穷尽"（Mutually Exclusive Collectively Exhaustive，MECE）原则。

（4）程度（重要性）顺序：比如"最重要、次重要、不重要"等。

只要我们的思想和表达在这 4 种逻辑顺序之内，就是有逻辑的，否则就是没有逻辑的。

2．套路

套路是指我们解决问题的方法论、路径和经验。比如，5W2H 分析法就是非常好的，是可以帮助我们分析问题的一个"套路"。试想一下，面对任何一个问题，你如果都能从"Why、Who、When、Where、What、How 和 How much"（如图 10-6 所示）这 7 个方面去思考，是不是比不知道这个方法论的人用点状模式思考要全面得多呢？

图 10-6　5W2H 问题分析法

逻辑是一种能力，而套路是方法论、经验；逻辑属于道，而方法论属于术。二者都很重要，只有熟练地掌握二者，我们才能有更好的结构化思维。接下来，通过两个案例来介绍结构化思维在实际工作场景中的应用。

10.4.1 如何落地新团队

想象这样一个场景，你刚刚入职一家新公司或者转岗到一个新团队，作为一个技术人，你将如何落地开展工作呢？

这里就能用上结构化思维来帮助我们理清思路，从而有条不紊地开展工作。要知道对一个企业来说，核心要素无外乎就是业务、技术和人。我们所要做的就是如何去熟悉业务、熟悉技术、熟悉人，然而每一部分又可以进行进一步的结构化拆解，如图 10-7 所示。

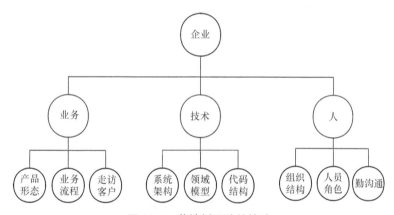

图 10-7 落地新团队的策略

1. 熟悉业务

（1）了解产品形态：任何一个团队都有自己要负责的产品，申请一个测试账号去用一下产品，是熟悉产品比较好的方式。

（2）了解业务流程：任何业务都有自己的业务流程，而业务流程中的核心是信息流。我们可以通过人员采访了解关键节点的信息输入和信息输出；通过画一些泳道活动图来理清楚系统的主要角色，以及它们之间的交互关系。

（3）走访客户：通过走访客户，我们可以获得业务的第一手资料，更加贴近业务和客户诉求。

2．熟悉技术

（1）了解系统架构：可以让团队的技术人员介绍他们当初做系统设计和架构时的思路。

（2）了解领域模型：查看关键的核心表结构和系统 API，快速了解系统的领域模型。

（3）了解代码结构：下载系统工程，熟悉整个工程结构和模块职责；以一个最重要的流程为入手点，阅读代码，看清楚核心的执行逻辑；做一个小需求，掌握相关的流程和权限。

3．熟悉人

（1）了解组织结构：查看公司的组织树，知道公司大概是如何运作的，以及哪些是关键人（Key Person，KP）。比如，一个典型的电商公司会包括产品部、运营部、销售部、技术部、人力资源部、财务部和法务部等。

（2）了解人员角色：了解公司都有哪些岗位，以及各岗位的职责范围。

（3）勤沟通：找出和自己工作息息相关的岗位，比如产品和运营，积极和这些同事沟通，向他们请教业务问题，多多交流。这样既可以建立良好的人际关系，也可以更快地熟悉业务。

10.4.2　如何做晋升述职

我在阿里巴巴已经做了多年的晋升评委，发现很多人都缺乏结构化思维，讲着冗长的 PPT，却不能很好地把一件事情说清楚。实际上，做工作汇报或者述职是很容易结构化的。

最清晰和实用的结构化表达是"**提出问题，定义问题，分析问题，解决问题，最后展望未来**"。如果按照这个逻辑顺序去阐述一件事情，会比不知道这个"套路"的效果好得多。这也是麦肯锡常用的解决问题的框架。

另一个有用的思维框架是"zoom in/zoom out"。**我们说事情时，应该像电影镜头一样，先从远拉近，再由近拉远。**"zoom in"是先从宏观背景开始，首先让大家知道你的事情发生的背景，为什么这件事情很重要？然后讲到具体细节，怎么做成的？解决了什么问题？后端思考是什么？最后"zoom out"，从细节调回到整体，结果是什么？带来的客户价值是什么？你对未来的思考是什么？

可以看到，这些结构化的方法论可以帮助我们做到事半功倍，经常锻炼结构化思维可以极大地提升我们的职场竞争力。

10.5　工具化思维

提到懒惰，很多人都会投去鄙视的眼光。殊不知，适当的懒比低效的勤奋更具智慧，是更难得的美德。

其实偷懒也有高低之分，可以分为 3 个境界。

（1）最差的境界是"实在懒"，拖延不喜欢的任务。

（2）其次是"开明懒"，迅速做完不喜欢的任务，以摆脱之。

（3）最高的境界是"智慧懒"，编写某个工具来完成不喜欢的任务，以便再也不用做这样的事情了，从而一劳永逸。

懒惰的对立面除了勤奋，也可能是"硬干"或"苦干"。"硬干"或"苦干"并没有带着光环，而是一种徒劳、低效、大可不必的努力，只会说明你做事情很急切，但并不是在完成工作。人们容易混淆行动与进展、混淆忙碌与多产的概念。

在有效的工作中，最重要的是思考，而人在思考时通常看上去不会很忙。如果和我共事的程序员总是忙个不停，我会认为他并非优秀的程序员，因为他没用最有价值的工具——自己的大脑。

我们提倡的"智慧懒"实际上是一种工具化思维，是"磨刀不误砍柴工"的智慧。有人说程序员和其他行业的最大区别是不仅使用工具，还能创造工具。可不是吗？理发师虽然会理发，但是不会制造剪刀。软件工程师却可以自己创造工具，用来提效，帮助自己更好、更快地完成工作。

我经常在团队中说，每当你重复同样的工作 3 次以上，就应该停下来问问自己：我是不是可以通过自动化脚本、配置化，或者小工具来帮助自己提效？

例如，我在 eBay 工作时，公司的应用依赖比较多，加上开发机器性能的限制，在本地启动服务通常都需要 3 分钟以上。一次 3 分钟不多，但是如果需要在本地频繁启动做测试，就会浪费很多时间。为此，我写了一个 TestContainer 的小工具，再配合 IDE 的热部署功能，在大部分情况下都不用重启服务，这个小小的创新为我和团队带来了极大的便利，节省了很多时间。为此，我还获得了公司当年的"突出贡献奖"。

所以，对于那些整天非常忙，忙到没有时间思考的读者，我真心建议你停下来，思考一下：我的方法有没有问题？是不是有更"偷懒"的方式可以帮助我提升效率？不要像图 10-8 中的拉车人，已经举步维艰了，还拒绝改变。

图 10-8　关于工作效率的漫画

10.6 好奇心

学习的动力不应该来自于外界的强力，而应该来自于内在，来自于我们内心对知识的渴望、对世界的好奇心。要想了解好奇心的重要性，可以去看看《列奥纳多·达·芬奇传》，看看这个 500 多年前被称为永恒史诗的"最好奇的人"，是如何在好奇心的驱使下在绘画、解剖学、地质学、机械设计、光学、植物学等多个领域都做出杰出贡献的。

好奇心是创新的驱动力。首先，它使我们灵活思考，打破现有的思维局限，从而不断地突破自己，完善自己的工作方式。其次，机会总是留给有准备的人，好奇心会促使我们张开翅膀在未知的领域里飞翔，给自己和公司带来新的机会。再次，拥有好奇心的人常常是快乐的，因为一切事物都是那么新奇，你会因为工作中的一点小突破而感到快乐，你会因为同事或者领导的一句肯定而快乐，你更会因为在工作中获取新知识、新技能、创造价值而快乐。最后，好奇心能使我们在工作中不断学习、积累经验，从而提高工作效率。

好奇心是学习的起点。我自己也是个"好奇宝宝"，我曾写过一篇文章，是关于阿里巴巴所有缩写的英文全称和中文解释的，上面还配了一段文字："亲，我懂你，不了解缩写背后的全称，你晚上睡不着。"我本来是自己整理备用，但是没想到这篇文章到目前为止总共获得了超过 35 万的浏览数和 2000 多个赞。我当初怎么也没有想到，一个出于好奇的总结，能帮助这么多人。

做技术这一行，应该没有比持续学习更重要的了。因为有太多新的东西需要我们学习和了解，很多人工作了很多年，知道的东西还很少，对很多东西的理解不透彻，就是因为缺少一点好奇心，没有深入钻研。

好奇心是学习的起点，是创新的原动力。我们每个人都应该像小孩子一样保持对知识的渴望，对世界的惊奇。

10.7 记笔记

好的学习方法也很重要。我记得几年前在阿里巴巴的一次内部会议上，主持人问一个副总裁："你成功的秘籍是什么？"这个副总裁只说了一点："好记性不如烂笔头。"这个会议的内容我已经完全不记得了，但是这句话我一直记到现在，因为它对我的触动很大。

后来在工作中，我每每遇到比较欣赏的人，都能发现他们有一个共同的习惯——勤做笔记。这不是一个偶然现象，里面有其必然的因素。首先，做笔记的人基本都是持续学习的人；其次，记录本身也有很多好处。

（1）知识内化：记笔记的过程是一个归纳整理、再理解、再吸收的过程，可以加深我们对知识的理解。

（2）形成知识体系：零散的知识很容易被遗忘，而形成知识体系之后，知识之间就能有更强的连接。

（3）方便回顾：笔记就像我们的硬盘，当缓存失效后，我们依然可以通过硬盘调回，保证知识不丢失。

我真正养成记笔记的习惯是在两年之前，在前言中，我写了"如果能更早地了解这些知识、掌握这些方法该有多好"，记笔记就是其中一项。不过还好，有觉悟也不算太晚，在这短短两年中，我记了上千篇笔记——从哲学、工作到银行卡密码，可以说我现在的工作和生活已经完全不能脱离笔记了。好处是，我很明显地感受到自己归纳总结的能力和文笔都比以前好了很多。

那么如何记笔记呢？是的，如何记好笔记也是有方法的。在此，我将自己有限的记笔记经验分享出来，希望这些细节能帮助你提高笔记质量。

（1）使用云笔记：云笔记要能在多端使用，要有目录的层次结构、标签和搜索功能。如果有些场合只能用笔做记录，也没关系，回来之后再整理到云笔记上。

（2）归类分组：要定期回顾笔记内容，尽量按照合理的方式对笔记进行重组，形成一个有逻辑关系的树形结构。这样既方便记忆检索，也可以逐渐形成自己的知识体系。对于归于 A 组或 B 组都没错的笔记，可以使用标签来辅助分类。

（3）不要复制粘贴：好的笔记最好是自己消化后的总结，而不是简单的照抄。如果有引用和参考，建议把链接也放在笔记下面，方便溯源。

（4）结构化表达：对于简短的内容要重点突出，粗体显示重点部分；对于篇幅较长的内容，最好有目录，这样可以更加结构化地呈现笔记内容。

10.8　有目标

目标的重要性，以前是被我低估的。实际上，我之前的很多焦虑和迷茫都是目标不清晰导致的。例如，在我进入技术管理岗位之后，不知道后面的方向是什么，是继续在技术上专研呢？还是要研究管理之术呢？直到我再次翻开史蒂芬·柯维的《高效能人士的七个习惯》一书，仔细阅读才发现，"你要做一个什么样的人"并不是一个可有可无的次要问题，而是首先要回答的头等大问题，这时我才意识到目标的重要性。

在《高效能人士的七个习惯》中，柯维博士提到，"所有事物都要经过两次创造的原则，第一次为心智上的创造，第二次为实际的创造"。直观的表达就是：先想清楚目标，然后努力实现。不管是人生大问题，还是阶段性要完成的事情，都需要目标清晰、有的放矢。

例如，你需要提高自己的思辨和逻辑能力，那么就应该制定一个学习计划，多去看一些批判思维、逻辑学和哲学的书。

又如，很多人表示看过很多技术文章，但是总感觉自己依然一无所知。一个很重要的原因就是，没有带着目标去学习。在这个信息爆炸的时代，如果只是碎片化地接收各个公众号推送的文章，学习效果几乎可以忽略不计。在学习之前，我们一定要问自己，这次学习的目标是什么？

是想把 Redis 的持久化原理搞清楚？还是把 Redis 的主从同步机制弄明白？抑或是想学习整个 Redis Cluster 的架构体系？如果我们能够带着问题与目标去搜集相关的资料并学习，就会事半功倍。这种学习模式的效果会比碎片化阅读好得多。

10.9　选择的自由

自由并不是想做什么，就做什么。自由是一种价值观，是一种为自己过去、现在及未来的行为负责的价值观。自由是一种责任，是一种敢于做出选择，并愿意为自己的选择承担后果的责任。

责任感（Responsible），从构词法来说是"能够回应（Response—able）"的意思，即选择回应的能力。所有积极主动的人都深谙其道，因此不会把自己的行为归咎于环境、外界条件或他人的影响。他们根据价值观有意识地选择待人接物的方式，不会因为外界因素或一时情绪而冲动行事。

消极被动的人会受到"社会天气"的影响。别人以礼相待，他们就笑脸相迎，反之，则摆出一副自我守护的姿态。心情好坏全都取决于他人的言行，任由别人的弱点控制自己。但这并不意味着积极主动的人对外界刺激毫无感应，只不过他们会有意无意地根据自己的价值观来选择对外界物质、心理与社会刺激的回应方式。

积极主动的人有选择的自由，而消极被动的人往往是被动地接受影响，忘记了自己的主观能动性，忘记了在刺激和回应之间还有选择的自由（There is always a space between stimulus and response）。如图 10-9 所示，当外界的刺激到来时，我们总是可以用自我意识、想象力、良知和独立意志做出自己的选择。

但凡成大事者，都能够"处乱世而不惊，临虚空而不惧，喜迎阴晴圆缺，笑傲雨雪风霜"。正因为他们是自己思维的主人，而不是被思维所控制，他们知道不管身处什么样的境地，都有"选择的自由"。

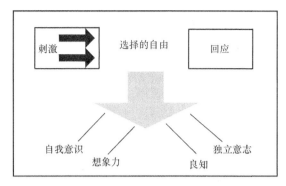

图 10-9 积极主动的选择模式

10.10 平和的心态

我的座右铭是"动机至善，了无私心；用无为的心，做有为的事"。首先，我们做事情的出发点必须是善的。其次，"有为的事"是指要认真做事，认真生活；"无为的心"代表一种平和的心态，一种活在当下的智慧。也就是做事要积极，但是心态要放平。

关于心态的重要性，我有过一段难忘的经历。曾经有一段时期，我非常焦躁，整夜睡不着觉，情绪低落，工作做不好，书也看不进去……这种状态反过来让焦虑变得更加严重，恶性循环。最主要的原因是"心"出了问题，是我太在乎他人的眼光，太在乎面子，太在乎外界的宠辱得失，导致心态失衡。当我放下得失心，让自己平静下来，整个人仿佛获得了重生，我第一次真正感受到什么叫自由，什么叫作生活的主人。

真正平和的人了解自己所有的主观感受都只是一瞬间的波动。虽然疼痛，但不再感到悲惨；虽然愉悦，但不再干扰心灵的平静。于是，心灵变得一片澄明、自在。心灵平静的力量十分强大，那些穷极一生疯狂追求愉悦心情的人完全难以想象。

就像有人已经在海滩上站了数十年，总是想抓住"好的海浪"，让这些海浪永远留下来，同时又想躲开某些"坏的海浪"，希望这些海浪永远别靠近。就这样一天又一天，这个人站在海滩上徒劳无功，被自己累得几近发疯。最后终于气力用尽，瘫坐在海滩上，让海浪就这样自由来去。忽然发现，这样多么平静美好啊！

10.11　精进

精进就是你每天必须进步一点点！记住，慢就是快。如图 10-10 所示，千万不要忽视每天进步一点点的力量，也不要试图一口吃成胖子，真正的进步是滴水穿石的累积，这就是精进。

$$原地踏步：\qquad 1^{365} = 1$$

$$每天进步一点点：1.01^{365} = 37.8$$

$$每天退步一点点：0.99^{365} = 0.03$$

图 10-10　每天进步一点点

巴菲特说："人生就像滚雪球，关键是要找到足够湿的雪，和足够长的坡。"我觉得在技术领域，"雪"是足够多的，"坡"也足够长，关键是我们能不能坚持下去。但凡能持续学习和精进的人，其结果都不会差。

10.12　本章小结

本章介绍了一些有用的思维模式、工作方法，以及我自己的一些人生感悟。写下这些，是因为我曾经迷茫过，不知道方向在哪里，不知道什么是正确的事，也不知道要怎么做正确的事。一路走来，回头望去，坑洼无数，伤痕累累。

好在，过去的磨难都是现在的财富。这些曾经的挫折帮我塑造了成长型思维；培养了我持续学习的习惯；磨炼了我的心智——知道如何放平心态，同时又积极热爱生活；最重要的是给了我自由，让我不再轻易受环境的影响，做了自己命运的主人。

如果你也曾迷茫过，或者正在经历迷茫，希望这些文字可以带给你一些启发。

第 *11* 章
技术 Leader 的修养

> Leader，就是走在队伍的最前面，带领者，领路人。
>
> ——金一南《胜者思维》

从我开始带团队的第一天起，有几个问题就一直在等我回答。

（1）什么是 Leader?

（2）Leader 和 Manager 之间的区别是什么?

（3）什么是技术 Leader?

（4）技术 Leader 和其他 Leader 有什么不同?

本章内容主要是围绕我作为技术 Leader 对这几个问题的思考，以及对技术 Leader 的理解和定义。希望你看完本章以后，也能有一个自己的答案。

11.1　技术氛围

一个技术团队，不管大小，如果没有"技术味道"，那么技术 Leader 负有很大的责任。"技术味道"的缺失，是目前技术团队存在的最大问题。特别是做业务开发的技术团队，如果管理者完全不关心技术细节，绩效完全和业务 KPI 绑定，就会导致工程师们整天只会写 if-else 的业务代码，得不到技术上的成长。在这样的技术团队，团队的战斗力和凝聚力都会每况愈下。

那么作为一个技术 Leader，我们要如何去提升团队的技术氛围，重燃团队对技术的热情呢？下面是我在日常带团队的过程中使用的一些提升技术氛围的方法，方法并不难，在任何的技术团队都可以操作落地。

11.1.1　代码好坏味道

在我们团队周会中，有一个固定的环节是"代码好坏味道"：当天的会议主持人（我们的周会是轮值主持的，每个团队成员轮流组织一期）要给大家分享 3 个代码好味道和 3 个代码坏味道，这些代码既可以是来自我们工作中的代码，也可以是来自开源软件的源码。

这个活动非常有意义，一方面每个人都会更多地去读他人的代码，另一方面自己在写代码时也会比较注意。因为一不小心，自己写的代码就可能成为反面典型被拿出来"晒"。晒代码不是关键，关键是通过晒代码，我们可以互相分享写好代码的心得和经验，特别是一些来自开源软件的好味道，对我们写好代码有非常重要的指导意义。这样整个团队的技术能力都会提升，当然，也包括 Leader 自己。

11.1.2　技术分享

分享是倒逼我们去学习和总结的有效手段。在准备分享的过程中，我们要去阅读很多资料，要把原理弄清楚，还要用别人能听得懂的方式表述出来。最重要的是，通过分享，整个团队都能学到新的知识，分享人和倾听者都会收益颇丰，何乐而不为呢？

例如，我所在团队的近几次技术分享分别是关于 Service Mesh、FaaS 和 Cloud Native 的（见图 11-1）。这些概念虽然很重要，但是日常工作中暂时还没有使用场景，没有必要每个人都去研究一遍，因此分享学习是一种非常经济的团队学习模式。一个人学，然后整个团队都能有了解和认知。期间大家还可以有讨论和碰撞，这样既学到了东西，又增加了团队成员之间的连接，其作用不亚于一次团建。

图 11-1　团队正在分享 Cloud Native

11.1.3　CR 周报

代码审查（Code Review，CR）是保证代码质量和架构风格一致性的重要手段。我们试过很多 CR 的方式，有 Peer Review（点对点地审查），也有 Group Review（团队成员一起审查）。这些方式都很好，但有一个共同的缺点，就是很难将过程透明化。

CR 周报就是要把 CR 的结果透明化，通过周报的形式展现团队在一周中的 CR 成果，包括团队成员的 CR 评论数排名、代码分支的质量情况，以及 CR 中的典型案例。这种透明化非常有价值，既可以帮助技术 Leader 了解代码质量的概况，也能极大地调动团队成员进行 CR 的积极性。

如图 11-2 所示，这是我所在团队一期 CR 周报的节选。同样，CR 周报的发送人也是轮值的，通过这种方式，我们真正做到把 CR 变成我们工作的一部分。

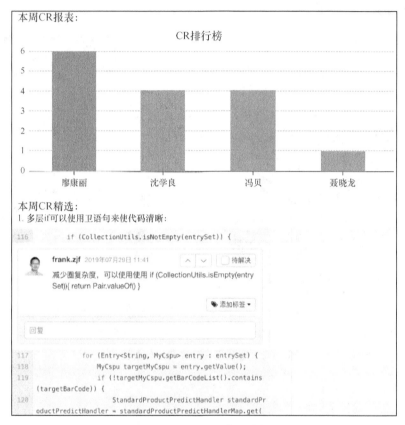

图 11-2　CR 周报示例

11.1.4　读书会

在一个人的能力象限中，我非常看重学习能力。原因很简单，一个人一旦停止了学习，就停止了进步。读书虽然不是学习的唯一方式，但一定是不可或缺的方式。我在面试候选人时，会经常问"你过去一年都看了哪些书"，如果一本都没看过，基本该候选人就不在我的考虑范围之内了。

因此，我的团队中是非常重视读书这件事的。首先，作为一个技术

Leader，我们要带头读书，现在很多的下属不信服老板，就是因为老板不读书、不学习，不能给团队带来新的输入和营养；其次，要鼓励团队多读书，成立读书会就是一个很好的形式。

关于读书会的运作，在此分享以下 3 点经验。

（1）书的范围可以放宽一点，不要只局限在技术类书籍，毕竟除了技术，我们还有很多东西要学。例如，我们最近一次读书会选的书是《高效能人士的七个习惯》。

（2）读书的方式，可以是同读一本书，也可以拆书，就是每个人分别读书的一章或者几章，然后互相分享书中的内容和读后感。拆书的效率更高，比较适合工具类的书。

（3）读书会的举办频率可以灵活一些，工作任务紧的时候，频率适当放低，甚至暂停。

11.2 目标管理

目标管理应该是 Leader 管理事务中最重要的事情之一。以我的经验来看，很多管理者（不乏很多高阶管理者）在目标管理上是缺少方法和经验的。一个好的 Leader，应该是愿意花时间和下属一起讨论、制定目标的。在过程中，给予帮助和指导，及时对焦纠偏，确保目标的达成。这样做是对下属负责，也对自己负责，至少不至于在谈绩效时造成意外，出现管理事故。

接下来，我们看看如何使用 OKR 对技术团队进行目标管理。

11.2.1 什么是 OKR

目标管理的常见手段有关键绩效指标（Key Performance Index，KPI）和目标与关键成果（Objectives Key Results，OKR）两种方法。相比较而言，一味地追求 KPI，可能会导致短视；OKR 更注重短期利益和长期战略之间的平衡。

OKR 主要有如下两个特点。

（1）OKR 可以不和绩效挂钩，主要强调沟通和方向。

（2）OKR 比 KPI 多了一个层级的概念，O（Objective）是要有野心的、有一定的模糊性，但是 KR（Key Results）需要是可量化的，并且 KR 一定要为 O 服务，不能偏离 O 的方向。

举个例子，我们希望用户喜欢我们的产品，但"喜欢"无法测量，所以，把页面浏览量（Page View，PV）写进了 KPI 里面。但在实际执行过程中，我们可以把用户原本在一个网页上就能完成的事情分到几个网页上完成，结果 PV 达到了 KPI 制定的目标，但其实用户更讨厌我们的产品了。大家如此应付 KPI，可能是因为 KPI 和绩效考核挂钩。

11.2.2　SMART 原则

不管是 KPI 的目标设定，还是 OKR 的 KR 设定，都需要满足 SMART 原则。如图 11-3 所示，S 代表 Specific，表示指标要具体；M 代表 Measurable，表示指标要可衡量；A 代表 Attainable，表示指标是有可能达成的；R 代表 Relevant，表示 KR 和 O 要有一定的相关性；最后，T 代表 Time bound，表示指标必须具有明确的截止期限。

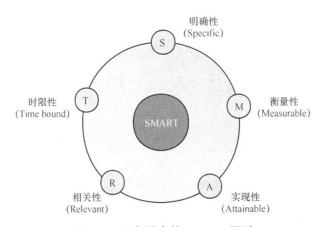

图 11-3　目标设定的 SMART 原则

在目标制定上，Intel 的创始人戈登·摩尔给我们提供了一个很好的范例。他提出了摩尔定律——"当价格不变时，集成电路上可容纳的元器件的数目大约每隔 18~24 个月便会增加一倍，性能也将提升一倍"。这是一个堪称完美的 SMART 目标，引领着 Intel 半个多世纪的快速发展。至于摩尔定律本身是否科学合理，反而不那么重要了。

11.2.3　OKR 设定

OKR 中的目标必须是有野心的。因为只有高远的目标，才能最大程度地激发人的潜能。目标是否足够有野心也是区分 OKR 与 KPI 的一个标志，KPI 拿 100 分的员工，OKR 可能只有 0.5 分（OKR 的得分是 0~1 分），这才是正常的结果，证明该员工的目标（O）比其他人的 KPI 要高很多。

例如，通常网站速度只能提高 20%，但是在 OKR 中，提高 30%才是最合适的 O。这个目标肯定不是稍加努力就可以拿满分的，而必须很努力才能完成。拿到 0.6 ~ 0.7 分才是最优秀的目标设计。

表 11-1 是我给团队设置 OKR 的一个范例，可以看到，每一个 KR 都不是唾手可得的，都具有一定挑战性，而这正是 OKR 的价值所在。

表 11-1　OKR 示例

目标（O）	关键结果（KR）	得分
提升 CRM 商家自运营能力	1）实现 EDM 一键开通功能 2）开通 EDM 功能商家达到 1 万家 3）在 S1 结束通过 EDM 发送邮件 1 亿封，订单转化 GMV 100 万	
打造 PaaS 基础设施，提升业务支撑效率	1）定义 PaaS 平台的职责 2）实现 PaaS 平台，并对外提供服务 3）完成至少 3 个 SaaS 业务的接入	
控制复杂度，提升工作效率	1）使用 COLA 重构 3 个老系统，消除重复代码，将复杂度超过 10 的函数控制在 0.5% 2）完善 ColaMock，提升核心代码单元测试覆盖率到 90%，提升测试代码编写效率 70% 3）对外演讲 5 次，宣扬工匠精神，并推广 COLA 在集团 5 个部门落地	

11.3 技术规划

技术规划和目标管理有一点共同之处，都是要在技术团队中理清接下来要做的事情。不同之处在于，技术规划更多的是从团队视角去看接下来要做的事情，而目标管理是要把规划要做的事情进行拆解，和个人目标对齐。对于技术 Leader 而言，做好技术规划是非常重要的事情，一个团队有没有价值，最终还是要通过做出来的事情来体现。

关于技术规划，我并没有多少经验，以下内容主要来自我的同事马俊锋（阿里巴巴资深技术专家）的分享。

技术规划是一个大命题。对待这种大问题，我们要分而治之，将其分解成几个不同层次的、相对较小的问题来看。如图 11-4 所示，我们可以从时间和重要性的维度，将其拆解成当前问题、技术领域、业务领域和团队特色 4 个层次的问题，然后分别定义问题、制定策略，这样就会清晰很多。

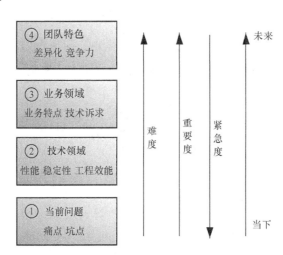

图 11-4 技术规划的 4 个层次

11.3.1 当前问题

第一层问题解决是最直接的，主要看团队中现在有什么迫切、紧急的问题需要解决，有哪些坑要去填。例如，业务增长比较快、当前架构缺乏弹性、要做服务化拆分、加入分布式缓存、分表分库等。又如，因为代码质量（可读性、可维护性）差，要建立一个代码审查机制，提升代码质量。

11.3.2　技术领域

技术领域要做的是在这些常规领域中，根据业务情况和团队情况选择一些领域和命题（比如稳定、性能、效率等），并在这些命题和方向中根据优先级做判断。比如，完善监控体系提升系统稳定性、使用 CDN 提升性能、通过测试自动化提升研发效率等。

11.3.3　业务领域

让业务先赢是技术的首要使命，即使我们身处技术团队，也要充分理解业务、关注业务，要分析业务数据和发展趋势，和业务同事充分交流，总结和抽象出业务的发展对技术会提出什么诉求，需要技术做什么布局和建设以应对业务发展的需求。

11.3.4　团队特色

作为技术团队，我们要对比团队内外技术的异同，最终圈定一个差异化区域。这块区域是团队的特色技术，是团队借外力之外要修内功的部分，是不依赖别人而主要靠自己突破的部分，是团队相比外面的差异化竞争力。这一层很重要，对团队的口碑、影响力和稳定性都有较大的影响；同时这一层又是最难的，很多技术团队在这一层次是空白的。

例如，在我的团队中，我们一直把攻克软件复杂度作为首要技术目标，所以在"工匠精神"方面，我们团队在阿里巴巴集团是有一定影响力和口碑的。在 2018 年，我们仅有 8 个人的团队支撑了业务项目，打造了 COLA 架构，还为集团贡献了工匠平台，这和我们一开始的技术信仰和技术规划是分不开的。

11.4　推理阶梯

在日常生活中，个人的判断大部分基于自身的主观认识而非事实，这会产生许多误会。在企业的日常运转中，管理者在对待员工时也会犯一些主观性的错误。例如，管理者要批评一个员工，前提是管理者认为员工做的事情是错误的，但是有没有可能管理者本身的认知就是错误的？因此，作为管理者，一定不要轻易对员工做推理，一些错误的推理如果不能及时被澄清，会激起员工的反感。要实事求是，尊重事实。

这种推理的情况在团队管理中比比皆是。很多情况下，我们推理别人的"结论"让自己非常生气，但是后来发现事实并非如此，这源于我们习惯用自我推理而非沟通的方式来解决问题。这种推理也被称为"推理阶梯"，如图 11-5 所示。

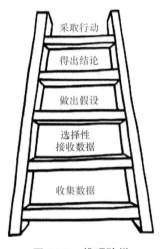

采取行动

得出结论

做出假设

选择性
接收数据

收集数据

图 11-5　推理阶梯

一般而言，"推理阶梯"的发生会经历以下步骤。

（1）**收集数据**：每个人每天都会接受来自外界的大量信息，这些是产生推理的基础。

（2）**选择性接收数据**：尽管我们不愿意承认，但"选择性接收"才是大脑处理信息的固有方式。有句老话："顺眼的人越看越顺眼，讨厌的人越看越讨厌。""情人眼里出西施",说的就是这个道理,没人能避免。

就像 2002 年诺贝尔经济学奖获得者丹尼尔·卡尼曼说的:"我们根本不是理性的人,很多决定都是在稀里糊涂的状态下做出的感性决定,崇尚理性思维的博弈论很少在实际生活中得到应用。"

(3)做出假设,得出结论,采取行动:在选择性接收数据之后,我们自然而然地就会想要赋予这些数据意义,从而做出种种假设,并得出相应的结论,然后采取行动,这就是大脑中"推理阶梯"的整个过程。比如,一个熟人迎面走来,没有打招呼,我们会很生气,感觉这个人没有礼貌。但实际情况可能是他没戴隐形眼镜、昨晚没睡好、加班了、走神了等各种情况。我们不要因为自己的好恶对别人进行推理,然后自己生气。

因此在做决定之前,我们一定要问问自己:"此事是否可能只是我的推理,实际情况并非如此?"这个问题对于管理者非常重要,因为人与人之间的沟通是非常复杂的过程。别人的一个眼神、一个动作,就有可能让我们在大脑中产生不客观的推理。

11.5 Leader 和 Manager 的区别

简单来说,**Manager** 是管理事务,是控制和权威;而 **Leader** 是领导人心,是引领和激发。Leader 要做一些 Manager 的管理事务,但是管理绝对不是 Leader 工作的全部。

我在阿里巴巴内部曾发表过一篇言辞激烈的文章,其中指出:"我们不需要这么多'高高在上''指点江山'的技术 **Manager**,而是需要更多能真正深入系统里面,深入代码细节,给团队带来改变的技术 **Leader**。"并配有插图,如图 11-6 所示。我个人凭借此文获得了 2018 年阿里巴巴技术协会(Alibaba Technology Association,ATA)年度作者,这充分说明大家对这个理念的支持和认可。

图 11-6　Leader 和 Manager 的区别

技术 Leader 是专业性非常强的工作。技术 Leader 区别于其他 Leader 之处是你不仅要"以德服人"，还要"以技服人"。要带好一个技术团队，技术 Leader 首先要对技术有热情，有一定的技术能力，并使用一些 11.1 节中介绍的管理手段，帮助团队成员提升自我，有所成长。

实际上，这不仅是我个人的看法，从阿里巴巴的组织角度来看，我们也在强调技术 Leader 要"重技术、轻管理"。比如，以前在技术栈是有 P 线和 M 线[1]的，当你从个人贡献者（Individual Contributor，IC）晋升到管理岗时，可以选择 M 线。但是在 2018 年，组织上做了一个调整，在技术岗位取消 M 线，也就是不论你是不是带团队，都必须要在专业技术上过硬。

11.6　视人为人

在阿里巴巴有句话："一群有情有义的人，做一件有意义的事"。我很喜欢这句话，俗话说"做事先做人"，我们唯有尊重自己，尊重他人，视人为人，视己为人，对团队倾注感情，和团队成员建立信任关系，才有可能做一个好 Leader。

---

[1] P 线：Profession，专业线。M 线：Manager，管理线。

只有和团队建立了情感链接和信任关系，才能更好地开展工作。我们在公司工作，实际上是在给两个账号存钱：一个是绩效货币（Performance Currency），这是对事的；另一个是关系货币（Relationship Currency），这是对人的。所有的判断都有人的主观因素在里面，因此第二个货币也很重要。

在此提醒一点，搞好关系并不是拉帮结派，还是那句话："动机至善，了无私心"。我们做事情的出发点必须要是正的、善的。在这个大前提下，我们可以积极地拓展自己的人脉关系和影响力。

视人为人不仅是和他人处好关系，也是一种原则和勇气，你不能视一部分人为"人"，视一部分人为"神"，视一部分人为"物"。最后，我想用阿里巴巴"中供铁军"的副总裁余涌在一次管理者会议上，让我们所有Leader起立宣誓的一段话与所有在管理岗位的朋友们共勉。

- 对待上级——有胆量。

- 对待平级——有肺腑。

- 对待下级——有心肝。

11.7 本章小结

做一个Leader不容易，因为你不仅要管好自己，还要成就他人。做一个技术Leader更不容易，因为技术的发展日新月异，你没有退路，如果不持续学习，你就会落伍；如果不深入技术细节，你就很难赢得下属的尊重。

普通的Manager到处都是，但是好的Leader并不多见。我们很多人在还没有准备好的时候，就被推上了Leader的位置，我本人也是这么过来的。关键是我们要清楚地认识到自己想要什么，要成为什么样的Leader，路走对了，就不怕远。

第三部分　实　践

第 *12* 章

COLA 架构

软件的首要技术使命：管理复杂度。

——史蒂夫·迈克康奈尔《代码大全（第 2 版）》

工程师的首要技术使命就是控制复杂度。整洁面向对象分层架构（Clean Object-oriented and Layered Architecture，COLA）是我所在团队自主研发的应用架构，是我们过去两年在复杂治理之路上的一个里程碑。

COLA 不仅是一个架构思想，还提供了一整套可以落地实施的框架和工具。我们可以使用 COLA Archetype 快速搭建一个符合 COLA 架构规范的业务应用，并在此基础上快速实现业务功能。

目前，COLA 已经开源。自发布以来，COLA 得到了社区的普遍关注和认可，并已经在阿里巴巴内外部多个团队落地。从实践情况来看，COLA 在应用复杂度治理上的效果显著。在本章中，我将会详细介绍应用架构以及 COLA 的主要架构思想。

12.1 软件架构

架构始于建筑，这是人类发展（原始人自给自足住在树上，也就不需要架构）分工协作的需要。将目标系统按某个原则进行切分，切分的原则是便于不同的角色进行并行工作。

软件架构是一个系统的草图。软件架构描述的对象是直接构成系统的抽象组件。各个组件之间的连接则明确和相对细致地描述组件之间的通信。在实现阶段，这些抽象组件被细化为实际的组件，比如具体某个类或者对象。在面向对象领域中，组件之间的连接通常用接口来实现。

随着互联网的发展，现在的系统要支撑数亿人同时在线购物、通信、娱乐等需要，相应的软件体系结构也变得越来越复杂。软件架构的含义也变得更加宽泛，我们不能简单地用一个软件架构来指代所有的软件架构工作。为了更清楚地表述 COLA 在软件架构中的位置，以及应用开发人员应该关注什么，我特意将软件架构划分成业务架构、应用架构、系统架构、数据架构、物理架构和运维架构，如图 12-1 所示。

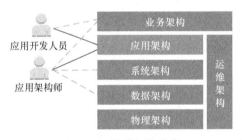

图 12-1　软件架构分类

- 业务架构：由业务架构师负责，也可以称为业务领域专家、行业专家。业务架构属于顶层设计，其对业务的定义和划分会影响组织结构和技术架构。例如，阿里巴巴在没有中台部门之前，每个业务部门的技术架构都是烟囱式的，淘宝、天猫、飞猪、1688 等各有一套体系结构。成立了共享平台事业部后，打通了账号、商品、订单等体系，让商业基础实施复用成为可能。

- 应用架构：由应用架构师负责，他需要根据业务场景的需要，设计应用的拓扑结构，制定应用规范、定义接口和数据交互协议等。并尽量将应用的复杂度控制在一个可以接受的水平，从而在快速地支撑业务发展的同时，确保系统的可用性和可维护性。COLA 架构是一个典型的应用架构，致力于应用复杂度的治理。

- 系统架构：根据业务情况综合考虑系统的非功能属性要求（包括性能、安全性、可用性、稳定性等），然后做出技术选型。对于流行的分布式架构系统，需要解决服务器负载、分布式服务的注册和发现、消息系统、缓存系统、分布式数据库等问题，同时解决如何在CAP（Consistency，Availability，Partition Tolerance）定理之间进行权衡的问题。

- 数据架构：对于规模大一些的公司，数据治理是一个很重要的课题。如何对数据收集、处理，提供统一的服务和标准，是数据架构需要关注的问题。其目的就是统一数据定义规范，标准化数据表达，形成有效易维护的数据资产，搭建统一的大数据处理平台，形成数据使用闭环。

- 物理架构：物理架构关注软件元件是如何放到硬件上的，包括机房搭建、网络拓扑结构、网络分流器、代理服务器、Web服务器、应用服务器、报表服务器、整合服务器、存储服务器和主机等。

- 运维架构：负责运维系统的规划、选型、部署上线，建立规范化的运维体系。要借助技术手段控制和优化成本，通过工具化及流程提升运维效率，注重运营效益。制定和优化运维解决方案，包括但不限于柔性容灾、智能调度、弹性扩容与防攻击、推动及开发高效的自动化运维和管理工具、提高运维的自动化程度和效率。

12.2 典型的应用架构

通过上面的阐述，可以看到，我们面临的问题域是应用架构的范畴。在介绍 COLA 架构之前，我们先来看一些典型的应用架构。

12.2.1 分层架构

分层是一种常见的根据系统中的角色（职责拆分）和组织代码单元的

常规实践。分层架构大概经历了以下阶段。

（1）20 世纪 60 年代~70 年代：GUI 还没有出现，所有的应用程序要通过命令行使用，那时的应用程序也很简单，还不需要分层，实际上也只有一层。

（2）20 世纪 70 年代~80 年代：企业应用出现了，用户可以使用计算机通过网路访问应用，开始出现 C/S 两层架构模式。

（3）20 世纪 90 年代之后：互联网开始普及，随着用户的增长，以及应用复杂性和基础实施复杂性的增加，终于诞生了我们现在仍在使用的三层架构，也叫 N 层应用架构（见图 12-2）。

（4）2000 年之后：2003 年，Eric Evans 出版了他的标志性著作《领域驱动设计：软件核心复杂性应对之道》。从此，DDD 的概念被人熟悉，以及基于 DDD 的一系列架构演变开始出现。

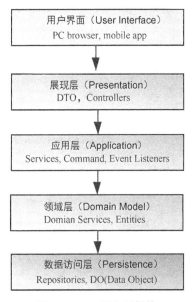

图 12-2　N 层应用架构

可以看到，随着时间的推移，从一层到多层架构，架构的层次越来越多。不过，我们要注意另一个极端——千层面架构。这是一种**分层架构的**

反模式，是一种过度设计。如果在我们的系统中出现以下情况，就可能有"千层面"的嫌疑。

- 热衷于创建完美的系统导致项目过度抽象。

- 层次太多，增加了整个系统的复杂性。

- 物理层次太多，不但增加了整个系统的复杂性，还降低了系统的性能。

- 严格的分层方法导致上层必须通过中间层次访问，而不是直接访问需要的层次。

12.2.2 CQRS

命令查询分离（Command Query Separation, CQS）最早是 Betrand Meyer（Eiffel 语言之父，OCP 的提出者）提出的概念，其基本思想在于任何一个对象的方法可以分为以下两类。

- 命令（Command）：不返回任何结果（void），但会改变对象的状态。

- 查询（Query）：返回结果，但是不会改变对象的状态，对系统没有副作用。

命令查询职责分离模式（Command Query Responsibility Segregation, CQRS）是对 CQS 模式的进一步改进而成的一种简单架构模式。该模式从业务上分离修改（Command，增、删改，会对系统状态进行修改）和查询（Query，查，不会对系统状态进行修改）的行为，从而使得逻辑更加清晰，便于对不同部分进行有针对性的优化。

CQRS 使用分离的接口将数据查询操作（Queries）和数据修改操作（Commands）分离开来，这也意味着在查询和更新过程中使用的数据模型也是不一样的，这样读和写逻辑就隔离开了，如图 12-3 所示。

使用了 CQRS 之后，我们能够把读模型和写模型完全分开，从而可以优化读操作和写操作。除了性能提升，CQRS 还让代码库更清晰简洁，更能体现出领域，易于维护。

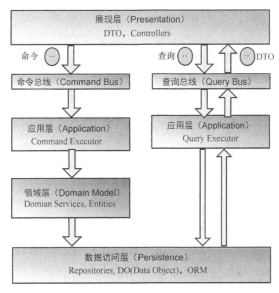

图 12-3　CQRS 架构

同样，这全部都是封装、低耦合、高内聚和单一责任原则的体现。

12.2.3　六边形架构

六边形架构由 Alistair Cockburn 在 2005 年提出，解决了传统的分层架构所带来的问题。实际上，六边形架构也是一种分层架构，只不过不是上下，而是内部和外部，如图 12-4 所示。

六边形架构又称端口-适配器架构，这个名字更容易理解。六边形架构将系统分为内部（内部六边形）和外部，内部代表应用的业务逻辑，外部代表应用的驱动逻辑、基础设施或其他应用。内部通过端口和外部系统通信，端口代表了一定协议，以 API 呈现。一个端口可能对应多个外部系统，不同的外部系统需要使用不同的适配器，适配器负责对协议进行转换。这样就使得应用程序能够以一致的方式被用户、程序、自动化测试、批处理脚本所驱动，并且可以在与实际运行的设备和数据库相隔离的情况下进行开发和测试。

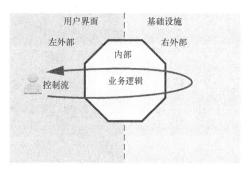

图 12-4 六边形架构的内外分层

一个端口对应多个适配器，是对一类外部系统的归纳，它体现了对外部的抽象。应用通过端口为外界提供服务，这些端口需要被良好地设计和测试。**内部不关心外部如何使用端口，从一开始就要假定外部使用者是可替换的。**

适配器的两种不同类型如图 12-5 所示，左侧代表 UI 的适配器被称为**主动适配器（Driving Adapters）**，因为是它们发起了对应用的一些操作；

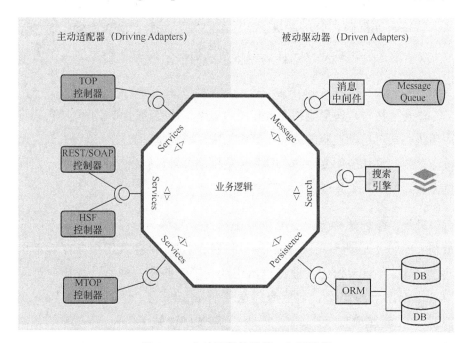

图 12-5 六边形架构的端口和适配器

右侧表示和后端工具链接的适配器被称为被动适配器（**Driven Adapters**），因为它们只会对主适配器的操作做出响应。

两种端口-适配器的用法也有一点区别。

- 在左侧，适配器依赖端口，该端口的具体实现会被注入适配器，这个实现包含了用例。换句话说，端口和它的具体实现（用例）都在应用内部。

- 在右侧，适配器就是端口的具体实现，它自己将被注入我们的业务逻辑中，尽管业务逻辑只知道接口。换句话说，端口在应用内部，而它的具体实现在应用之外并包装了某个外部工具。

12.2.4　洋葱架构

2008 年，Jeffrey Palermo 提出了洋葱架构（Onion Architecture）。在我看来，洋葱架构在端口和适配器架构的基础上贯彻了将领域放在应用中心，将驱动机制（用户用例）和基础设施（ORM、搜索引擎、第三方 API 等）放在外围的思路。洋葱架构在六边形架构的基础上加入了内部层次。

洋葱架构与六边形架构有着相同的思路，都是通过编写适配器代码将应用核心从对基础设施的关注中解放出来，避免基础设施代码渗透到应用核心之中。这样应用使用的工具和传达机制都可以轻松地替换，在一定程度上避免技术、工具或者供应商锁定。

另外，洋葱架构分离了基础设施和业务应用，使得我们可以方便地模拟（Mock）基础实施，对业务应用进行测试。企业应用中存在着不止两个层次，洋葱架构还在业务逻辑中加入了一些在领域驱动设计的过程中被识别出来的层次，包括应用层（Application）、领域服务（Domain Service）、领域模型（Domain Model）和基础设施（Infrastructure）等，如图 12-6 所示。

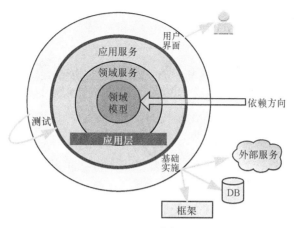

图 12-6 洋葱架构

在洋葱架构中，明确规定了依赖的方向。

- 外层依赖内层。

- 内层对外层无感知。

也就是说，耦合的方向是从外层指向中心的。洋葱架构提供了一个完全独立的对象模型（领域模型），该模型位于架构的核心，不依赖其他任何层次，我们可以在不影响内层的情况下改变外层的灵活性。洋葱架构在架构层面运用了依赖倒置原则。

12.2.5 DDD

准确地说，DDD 不是架构，而是一种开发思想。就像敏捷不是 Scrum，而是一种思想一样。之所以将 DDD 归类为典型架构，是因为它是我们很多架构的思想来源。比如洋葱架构，其内层（核心业务逻辑）就应该是领域层。当然，COLA 也传承了 DDD 的思想。

另外，DDD 带来的最大改变是让我们得以从"数据驱动"转向"领域驱动"，让我们知道领域是应用的核心，其他都是技术细节，随时可以被替换。关于 DDD 的更多内容，请参考第 7 章。

12.3 COLA 架构设计

复杂性治理是一个系统化工程，我们设计 COLA 的初衷就是要尽一切努力在架构层面去控制软件复杂度。因此，在 COLA 的设计中，我们汲取了很多前文中介绍的典型应用架构的优秀思想。可以说，COLA 是站在了巨人的肩膀上。然而我们又不是对前人思想的简单结合，而是融入了很多我们自己的思考、判断和创新，比如扩展点设计和规范设计。

12.3.1 分层设计

架构分层是我们在做架构设计时首要考虑的问题。架构上的不合理大多是分层不合理，没有分层或者层次太少，会导致"一锅粥"；层次太多，层次之间又有严格的限制，会导致"千层面"。因此，分层要合理，不能太少，也不能太多。

COLA 的分层是一种经过改良的三层架构，主要是将传统的业务逻辑层拆分成应用层、领域层和基础设施层。如图 12-7 所示，左边是传统的分层架构，右边是 COLA 的分层架构。

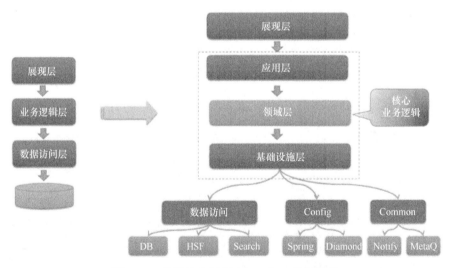

图 12-7　传统的分层架构与 COLA 分层架构

其中，每一层的作用范围和含义如下。

（1）展现层（Presentation Layer）：负责以 Rest 的格式接受 Web 请求，然后将请求路由给 Application 层执行，并返回视图模型（View Model），其载体通常是数据传输对象（Data Transfer Object，DTO）。

（2）应用层（Application Layer）：主要负责获取输入、组装上下文、做输入校验、调用领域层做业务处理，当需要时发送消息通知。当然，层次是开放的，若有需要，应用层也可以直接访问基础实施层。

（3）领域层（Domain Layer）：主要封装了核心业务逻辑，并通过领域服务（Domain Service）和领域对象（Entities）的函数对外部提供业务逻辑的计算和处理。

（4）基础设施层（Infrastructure Layer）：主要包含数据访问通道（Tunnel）、Config 和 Common。这里我们使用 Tunnel 这个概念对所有的数据来源进行抽象，数据来源可以是数据库（MySQL、NoSQL）、搜索引擎、文件系统，也可以是 SOA 服务等；Config 负责应用的配置；Common 是通用的工具类。

采用这样的分层策略，主要是考虑到"业务逻辑"是一个非常宽泛的定义，进一步分析我们会发现，"业务逻辑"可以被分层"核心业务逻辑"和"技术细节"。这正是六边形架构和洋葱架构中提倡的思想，即尽量保证内部核心领域的独立和无依赖，而外部的技术细节可以通过接口和适配器随时更换，从而增加系统的灵活性和可测性。

12.3.2 扩展设计

只有一个业务的简单场景对扩展性的要求并不突出，这也是扩展设计常被忽略的原因，因为我们大部分的系统都是从单一业务开始的。但是随着业务场景越来越复杂，代码中开始出现大量的 if-else 逻辑，此时除了常规的策略模式以外，我们可以考虑在架构层面提供统一的扩展解决方案。

在扩展设计中，我们提炼出两个重要的概念，分别是**业务身份和扩展点。**

业务身份是指在系统唯一标识一个业务或者一个场景的标志。在具体实现中，我们使用 BizCode 来表示业务身份，采用类似 Java 包名命名空间的方式。例如，用 "ali.tmall" 表示阿里巴巴天猫业务，用 "ali.tmall.car"表示阿里巴巴天猫的汽车业务，用 "ali.tmall.car.aftermarket" 表示阿里巴巴天猫的汽车业务的后市场场景。

扩展点的思想源自 5.4 节中介绍的插件模式。**每个业务或者场景都可以实现一个或多个扩展点**（ExtensionPoint），也就是说，一个业务身份加上一个扩展点可以唯一地确定一个扩展实现（Extension）。这个业务身份和扩展点的组合，我们称为扩展坐标（ExtensionCoordinate），如图 12-8 所示。

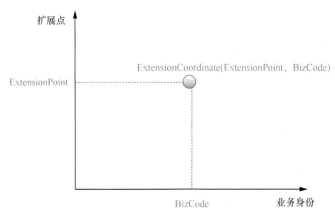

图 12-8　业务身份和扩展点

作为一个框架，COLA 在此主要做了两件事情：在系统启动时，扫描注册标记有@Extension 的扩展实类；在系统 Runtime 时，根据业务身份选择对应的扩展实现进行执行。其代码实现如下所示：

（1）注册扩展实现。

```
public void doRegistration(Class<?> targetClz) {
    ExtensionPointI extension=(ExtensionPointI) applicationContext.
```

```
getBean(targetClz);
            Extension extensionAnn = targetClz. getDeclaredAnnotation
(Extension. class);
            String extPtClassName = calculateExtensionPoint(targetClz);
            ExtensionCoordinate extensionCoordinate=new ExtensionCoordinate
(extPtClassName, extensionAnn.bizCode());
            ExtensionPointI preVal = extensionRepository. getExtensionRepo
(). put(extensionCoordinate, extension);
            if (preVal != null) {
                throw new ColaException("Duplicate registration is not
allowed for :" + extensionCoordinate);
            }
        }

    private String calculateExtensionPoint(Class<?> targetClz) {
        Class[] interfaces = targetClz.getInterfaces();
        if (ArrayUtils.isEmpty(interfaces))
            throw new ColaException("Please assign a extension point
interface for "+targetClz);
        for (Class intf : interfaces) {
            String extensionPoint = intf.getSimpleName();
            if (StringUtils.contains(extensionPoint, ColaConstant.
EXTENSION_ EXTPT_NAMING))
                return intf.getName();
        }
        throw new ColaException("Your name of ExtensionPoint for "+
targetClz+" is not valid, must be end of "+ ColaConstant. EXTENSION_ EXTPT
_NAMING);
        }
```

（2）通过业务身份（BizCode）定位扩展实现。

```
    @Override
    protected <C> C locateComponent(Class<C> targetClz, Context context)
 {
        C extension = locateExtension(targetClz, context);
        logger.debug("[Located Extension]: "+extension. getClass().
getSimpleName());
        return extension;
    }

    protected <Ext> Ext locateExtension(Class<Ext> targetClz, Context
context) {
        Ext extension;
        checkNull(context);
        String bizCode =  context.getBizCode();
        logger.debug("Biz Code in locateExtension is : " + bizCode);
        // 1、第一次尝试
        extension = firstTry(targetClz, bizCode);
        if (extension != null) {
            return extension;
        }
        // 2、循环尝试
        extension = loopTry(targetClz, bizCode);
```

```
        if (extension != null) {
            return extension;
        }
        // 3、使用默认扩展实现
        extension = tryDefault(targetClz);
        if (extension != null) {
            return extension;
        }
        // 4、所有尝试失败，抛出异常
        throw new ColaException("Can not find extension with
ExtensionPoint: "+targetClz+" BizCode:"+bizCode);
    }

    private <Ext> Ext firstTry(Class<Ext> targetClz, String bizCode) {
        return (Ext) extensionRepository. getExtensionRepo(). get(new
ExtensionCoordinate (targetClz.getName(), bizCode));
    }

    private <Ext> Ext loopTry(Class<Ext> targetClz, String bizCode){
        Ext extension;
        if (bizCode == null){
            return null;
        }
        int lastDotIndex = bizCode.lastIndexOf (ColaConstant. BIZ_CODE
_ SEPARATOR);
        while(lastDotIndex != -1){
            bizCode = bizCode.substring(0, lastDotIndex);
            extension =(Ext)extensionRepository.getExtensionRepo().
get (new ExtensionCoordinate(targetClz.getName(), bizCode));
            if (extension != null) {
                return extension;
            }
            lastDotIndex = bizCode.lastIndexOf (ColaConstant. BIZ_
CODE_ SEPARATOR);
        }
        return null;
    }

    private <Ext> Ext tryDefault(Class<Ext> targetClz) {
        return (Ext)extensionRepository.getExtensionRepo().get(new
ExtensionCoordinate (targetClz.getName(), ColaConstant.DEFAULT_BIZ_CODE));
    }
```

例如，当前上下文中的业务身份是“ali.tmall.car”，那么定位扩展点的过程如下。

（1）尝试匹配业务身份为“ali.tmall.car”的扩展实现。

（2）如果没有匹配到，尝试循环匹配，直到根节点“ali”。

（3）尝试该扩展点的默认实现。

（4）如果都没有匹配到，则抛出异常。

12.3.3　规范设计

任何事物都是规则性和随机性的组合。规范的意义在于可以将规则性的东西固化下来，尽量减少随心所欲带来的复杂度，一致性可以降低系统复杂度。从命名到架构皆是如此，架构本身就是一种规范和约束，破坏这个约束，也就破坏了架构。

COLA 制定了一系列的规范，包括组件（Module）结构、包（Package）结构、命名等。

1. 组件规范

COLA 规定一个应用至少要有 3 个组件：应用层、领域层和基础实施层。如果不是严格的前后端分离，也可以加入展现层的组件，但这是可选的。组件之间的依赖关系如图 12-9 所示。

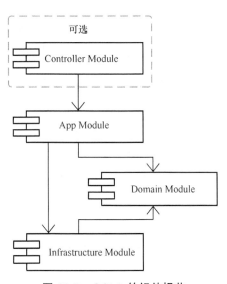

图 12-9　COLA 的组件规范

从上面的依赖关系可以看到，领域组件（Domain Module）是应用的核心，负责核心业务逻辑的处理，不应该有任何的外部依赖。领域组件的实现方式有两种，一种是把领域组件设计成纯 POJO，另一种是通过依赖倒置，将数据访问的接口放在领域组件里，让基础设施组件（Infrastructure Module）去做接口实现。

2. 包规范

相比组件，包是更细粒度的代码组织单元。包的设计也要遵循高内聚、低耦合的原则。每个包都应该是一组功能类似的类的聚集，这种划分使得整个项目形成一个金字塔结构（参考 8.5.3 节）。这种结构化的表达在方便记忆的同时，也使得整个项目结构更加清晰，有章可循。

在一个遵循 COLA 包规范的应用中，我们可以看到如图 12-10 所示的包结构。

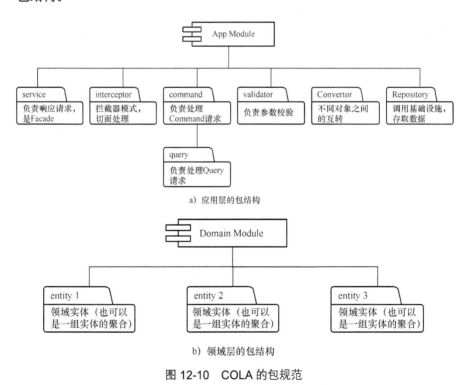

图 12-10　COLA 的包规范

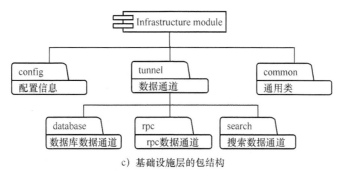

c）基础设施层的包结构

图 12-10　COLA 的包规范（续）

3.　命名规范

在 COLA 架构中，我们制定了一系列的命名规范，以便通过名称就能知晓该类的作用和职责范围，从而极大地提升代码的可理解性，提升代码审查（Code Review）的效率。这样如果你将不属于职责范围的代码放在某个类中，做代码审查的人很容易就能识别出来。

对于类名的主要约定如表 12-1 所示。

表 12-1　类名规范

规　　范	用　　途	解　　释
xxxCmd.java	Client Request	Cmd 代表 Command，表示一个用户请求
xxxCO.java	Client Object	客户对象，用于传递数据，等同于 DTO
xxxServiceI.java	API Service	API 接口类
xxxCmdExe.java	Command Executor	命令模式，每一个用户请求对应一个执行器
xxxInterceptor.java	Command Interceptor	拦截器，用于处理切面逻辑
xxxExtPt.java	Extension Point	扩展点
xxxExt.java	Extension	扩展实现
xxxValidator.java	Validator	校验器，用于校验的类
xxxConvertor.java	Convertor	转化器，实现不同层级对象互转
xxxAssembler.java	Assembler	组装器，组装外部服务调用参数
xxxE.java	Entity	代表领域实体
xxxV.java	Value Object	代表值对象

规范	用途	解释
xxxRepository.java	Repository	仓储接口
xxxDomainService.java	Domain Service	领域服务
xxxDO.java	Data Object	数据对象,用于持久化
xxxTunnel.java	Data Tunnel	数据通道,DAO 是最常见的通道,也可以是其他通道
xxxConstant.java	Constant class	常量类
xxxConfig.java	Configuration class	配置类
xxxUtil.java	Utility class	工具类(尽量少使用 util 的命名,太通用,不够显性化)

对于方法名和错误码,我们也做了相应的命名规范约定,具体请参考 1.4.1 节和 2.3.3 节。

12.3.4　COLA Archetype

为了确保架构风格的一致,以及提升新应用的创建效率,我们开发了应用创建的 Maven Archetype,这样只要执行一行命令就可以生成一个基于 COLA 框架的应用骨架。Maven Archetype 和 COLA 息息相关,它不仅是一个提效工具,也是 COLA 架构不可或缺的一部分。

例如,我们要生成一个名字叫 demo 的应用,只需要执行下面的 Maven 命令:

```
mvn archetype:generate
-DgroupId=com.alibaba.sample //demo 应用的 groupId
-DartifactId=demo //demo 应用的 artifactId
-Dversion=1.0.0-SNAPSHOT //demo 应用的版本号
-Dpackage=com.alibaba.sample //demo 应用的 package 名
-DarchetypeArtifactId=cola-framework-archetype
-DarchetypeGroupId=com.alibaba.cola
-DarchetypeVersion=1.0.0-SNAPSHOT
```

命令执行成功后,我们可以看到一个名为 demo 的工程,其中包含 5 个组件,分别是 demo-client、demo-controller、demo-app、demo-domain 和 demo-infrastructure。其中,demo-client 用于存放 RPC 调用中的 DTO(Data Transfer Object)类,其他 4 个组件分别对应展现层、应用层、领域层和基础设施层。它们之间的依赖关系如图 12-11 所示。

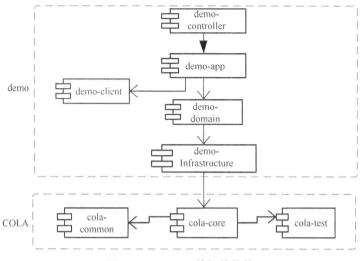

图 12-11 demo 的组件依赖

生成的 demo 应用中自带了一个 Hello World 示例。只要成功启动 SpringBoot，在浏览器中输入 http://localhost:8080/customer?name=World，就可以在浏览器中看到返回值"customerName"："Hello, World"。

12.4 COLA 测试

在业务系统中开展测试一直是一个老大难问题。特别是在传统的 service+DAO 的架构下，业务逻辑和技术细节杂糅在一起，代码的可测性很差，测试成本也很高。其结果是很少有开发人员愿意写测试代码，比如测试驱动开发（Test Driven Development，TDD），可持续集成（Continuous Integration，CI）都是书本里的最佳实践，现实中根本用不起来。

12.4.1 单元测试

单元测试，是指对软件中的最小可测试单元进行检查和验证，应该具备以下特点。

- 粒度要小：其测试对象通常是一个函数，最大也不应该超过一个类。

- 速度要快：其运行速度要极快，应该都是在毫秒级完成。

在 COLA 架构中，我们希望领域（Domain）组件作为核心业务逻辑，最好是纯 POJO 实现的，这样单元测试就会变得很容易，测试的粒度也是一个函数，运行速度极快。具体的单元测试的写法可以参考 13.8.1 节中工匠平台的单元测试代码。

12.4.2　集成测试

集成测试是在单元测试的基础上，将所有模块按照设计要求组装成为子系统或系统，进行集成测试。

集成测试的特点如下。

- 集成测试是以模块和子系统为单元进行的测试，是黑盒测试。

- 集成测试主要测试接口层的测试空间，单元测试主要测试内部实现层的测试空间。

因为业务系统的依赖通常比较多，所以集成测试的成本很高。在处理这些依赖时，只有以下两种解决方法。

（1）不使用 Mock：优点是实现成本低，但缺点是对环境的要求高。需要保证依赖的日常环境很稳定，依赖的数据很稳定。

（2）使用 Mock：好处是屏蔽了外部依赖，测试可重复可预期，但缺点是 Mock 的成本非常高。试想，如果一次业务调用依赖外部 4 次服务调用和 5 次数据库调用，那么有 9 个接口需要 Mock，你可能要花费 70% 的时间去写测试。

12.4.3　ColaMock

为了解决集成测试中 Mock 成本高的问题，我们研发了 ColaMock 工具。它可以自动帮助我们录制需要 Mock 的数据，并保存在本地，然后在运行集成测试时，自动进行注入、回放，从而极大地提升集成测试的效率。其工作原理如图 12-12 所示。

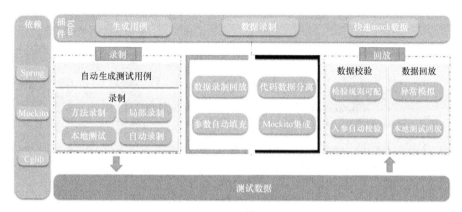

图 12-12 ColaMock 的工作原理

ColaMock 主要包括数据自动录制和回放两大功能，其录制原理如下。

（1）ColaMock 通过@ColaMockConfig 标注需要录制的点，这些点也是回放时需要填充 Mock 数据的。

（2）然后通过 DataRecordListener 类监听测试运行情况，将需要录制的数据，按照一定的格式录制到 Mock 文件中去。

录制过程的主要实现代码如下：

```java
public class DataRecordListener extends RunListener{
    SpyHelper spyHelper;
    @Override
    public void testStarted(Description description)throws Exception {
        //开始前先清理 repo
        ColaMockito.g().getFileDataEngine().clean();
        spyHelper = new SpyHelper(description.getTestClass(),
ColaMockito. g().getContext().getTestInstance());
        spyHelper.processInject4Record();
    }

    @Override
    public void testRunStarted(Description description){
        reScanTestClass(description.getTestClass());
        ColaMockito.g().getContext().setTestMeta(description);
    }

    @Override
    public void testFinished(Description description)throws Exception {
```

```
        spyHelper.resetRecord();
        //记录模式才持久化存储
        ColaMockito.g().getFileDataEngine().flush();
        ColaMockito.g().getFileDataEngine().flushInputParamsFile();
    }
}
```

回放原理如下。

（1）先通过 exclude-filter 将不需要 Spring 自动加载的 Bean 进行排除。

```
<context:exclude-filter type="annotation" expression="org. apache.
ibatis. annotations.Mapper"/>
```

（2）自定义 BeanDefinitionRegistryPostProcessor，将需要 Mock 的 Bean
设置为我们想要的 AutoMockFactoryBean。其设置代理类的代码如下：

```
public Object getProxy(Class<T> clazz){
        Object colaProxy = null;
        Object oriTarget = Mockito.mock(mapperInterface);
        MockDataProxy mockDataProxy=new MockDataProxy(mapperInterface,
 oriTarget);
        try{
            colaProxy = MockHelper.createMockFor(mapperInterface, mock
DataProxy);
        }catch(Exception e){
            e.printStackTrace();
        }
        ColaMockito.g().getContext().putMonitorMock(new
MockServiceModel (mapperInterface, beanName, oriTarget, colaProxy));
        return colaProxy;
    }
```

（3）在运行时，通过 cglib 生成的代理类，返回录制结果。

更多关于如何使用 ColaMock 编写集成测试代码的内容，请参考 13.8.2 节。

12.5　COLA 架构总览

在架构思想上，COLA 主张像六边形架构那样，使用端口-适配器去解
耦技术细节；主张像洋葱架构那样，以领域为核心，并通过依赖倒置反转
领域层的依赖方向。最终形成图 12-13 的层次关系和依赖关系。

从 COLA 应用处理响应一个请求的过程来看，COLA 使用了 CQRS 来
分离命令和查询的职责，使用扩展点和元数据来提供更高应用的可扩展性，

使用ColaMock来提升测试效率。我们可以得到一张如图12-14所示的COLA
纵向架构图。

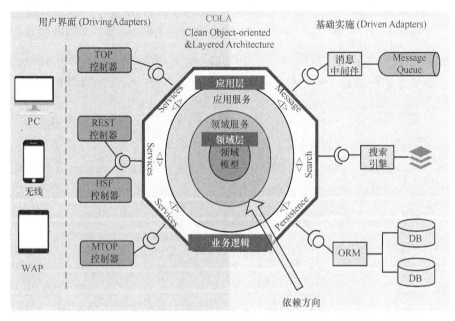

图 12-13 COLA 层次关系和依赖关系图

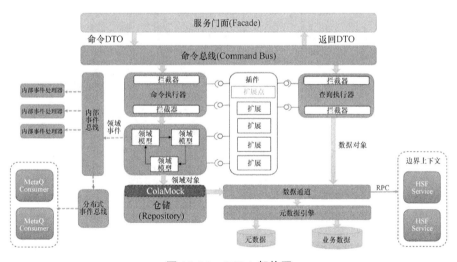

图 12-14 COLA 架构图

12.6　本章小结

本章介绍了一些典型的应用架构，如分层架构、CQRS、六边形架构、洋葱架构和 DDD 等。融合这些优秀的架构思想，并对其进行建设性的改良和提升是 COLA 形成的基础。COLA 架构是一个相对完善，比较适合解决复杂业务场景问题。因此在使用 COLA 时，可以根据情况选用相关功能。

倘若你的业务场景分支不复杂，那么就可以选择不使用扩展点功能。甚至面对简单的 CRUD（增、删、改、查）情况，领域层也可以是一个可选项。即便如此，我们也可以从 COLA 的分层、原型（Archetype）和规范中获益。软件的世界里没有银弹，我们不一定要使用 COLA 提供的所有能力，可以根据实际情况裁剪使用 COLA。

第 *13* 章
工匠平台

工匠平台，技术人自己的舞台！

——"工匠平台"的宣传语

本章将通过工匠平台的项目实战介绍如何使用 COLA 框架开发一个业务项目，从而更好地理解 COLA，并使用 COLA 进行企业级应用开发。

13.1 项目背景

2018 年 7 月，我在阿里巴巴内部的技术博客 ATA 发表了一篇文章《技术人自己的 KPI》，表达了对技术团队越来越没有"技术味道"的担忧，以及技术团队除了业务项目之外，还应该有属于自己的 KPI，而不是完全和业务的 KPI 绑定。让业务先赢应该是我们的底线，而不是全部。文章中还提到，我们要有工匠精神，鼓励大家通过学习、实践、分享不断提升编码能力和设计能力。用工匠精神写每一行代码，而不是简单地通过代码堆砌实现业务功能来交差。

该文章在阿里巴巴内部和外部（在公众号"阿里技术"上也有发表）引起了不小的反响，道出了很多一线工程师和技术 Leader 的心声。大家纷纷表示技术味道的缺失不利于工程师自己的成长，从长远来看，也不利于公司的发展。我们需要做出改变，需要一种追求卓越的工匠精神。

基于这个出发点，我提出了一套对技术人员技术工作进行量化的指标，并通过"工匠平台"这个产品进行落地。"工匠平台"会收集这些技术指标，并对其进行评分和统计，从而提供一个更加全面的技术人员画像，更加客观地反映技术人员的技术贡献。

13.2　整理需求

工匠平台的核心是要构建一套对技术人员进行评测的度量体系，量化技术人员的技术贡献，从而激励技术人员在完成任务之余，投入更多的精力去写出更好的代码。

经过讨论，我们定义了 4 个大的维度作为技术人员的 KPI 指标，分别是应用质量、技术影响力、技术贡献和开发质量。

其中每个维度又可以包含一到多个度量，每个度量有一些度量指标。通过这些指标可以计算出一个分数，将分数加权求和就能直观反映出一个工程师的分数，分数越高，表示技术人员做出的技术贡献越多。这些度量和指标的详细内容如表 13-1 所示。

表 13-1　技术度量表

维　　度	度　　量	指　　标
应用质量	应用	重复代码数，长方法数，圈复杂度超标数，破坏规范数
技术影响力	ATA 文章	文章浏览数，点赞数，评论数，收藏数
	分享	分享范围，分享次数
	专利	作者类型（第一作者，或者其他），专利数
	论文	作者类型（第一作者，或者其他），论文数
技术贡献	代码审查（Code Review）	CR 评论数
	重构	重构范围，数量
	亮点	需要人工评定
开发质量	Bug	千行代码缺陷率，代码提交量
	故障	线上故障数，故障等级

13.3 工匠 Demo

为了让大家更加直观地了解工匠平台，我们先来看工匠平台的主要功能和 Demo。

（1）团队成员列表页面。在此页面中可以看到团队中每一个技术人员的"工匠分"，具体包括综合得分、应用质量分、技术影响力分、技术贡献分，以及开发质量分和提交的代码量，如图 13-1 所示。

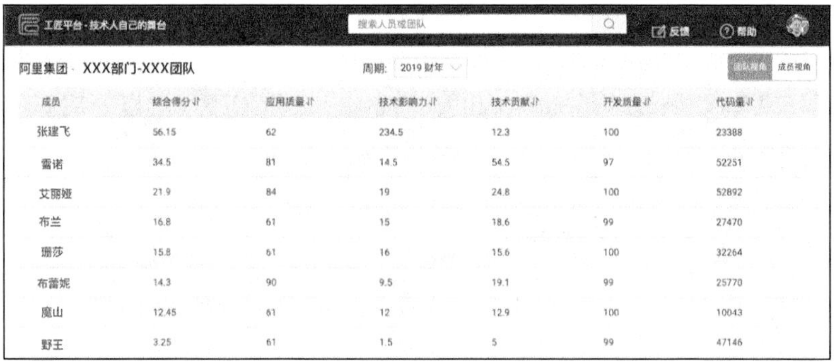

图 13-1 团队成员列表页面 Demo

（2）个人详细页面。单击列表中的人名，可以看到该工程师的个人档案（profile），以及他在团队中的排名情况。如图 13-2 所示，单击"技术影响力"，会看到这个人所有的 ATA 文章、分享、专利等内容。

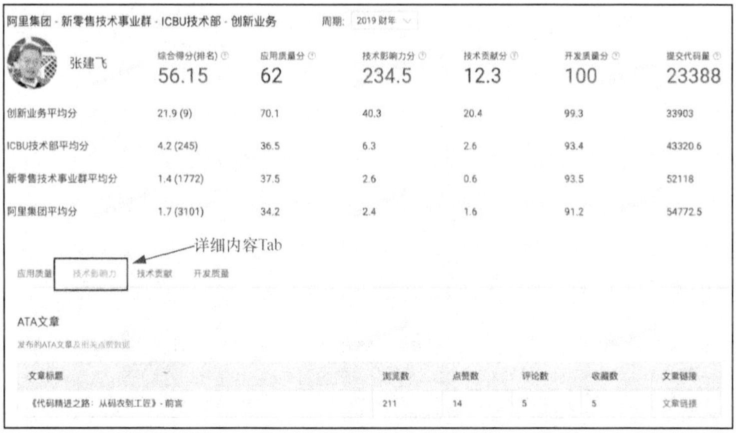

图 13-2 个人详细页面 Demo

13.4　使用 COLA

工匠平台使用 COLA 作为应用架构。COLA 是非常轻量级的架构框架，对应用的侵入很小，使用起来也很简单。按照下面的步骤操作，就可以快速创建一个 COLA 应用。

13.4.1　安装 COLA

（1）下载 COLA。

COLA 的开源地址是 https://github.com/alibaba/COLA，可以使用 git clone 复制到本地。

（2）安装 cola-framework。

进入 cola-framework，运行 maven install 安装 COLA 框架到本地。

（3）安装 cola-archetype。

进入 cola-archetype，运行 maven install 安装 COLA Archetype 到本地。

13.4.2　搭建应用

我们可以使用 Cola Archetype 为工匠平台（cratfsman）创建一个后端应用，使用如下命令：

```
mvn archetype:generate  -DgroupId=com.alibaba.craftsman -DartifactId=
craftsman -Dversion=1.0.0-SNAPSHOT -Dpackage= com. alibaba. craftsman
-DarchetypeArtifactId=cola-framework-archetype -DarchetypeGroupId= com.
alibaba. cola -DarchetypeVersion=1.0.0-SNAPSHOT
```

运行命令后，在生成的项目目录中可以看到如下的目录结构。

- craftsman-controller：控制器，主要以 REST 的方式接受前端的 HTTP 请求，然后路由到对应的 Service 进行处理。

- craftsman-client：给外部服务进行 RPC 调用的 SDK。

- craftsman-app：App 层，用于接受 request 进行通用的逻辑处理，调用 Domain 进行业务处理。

- craftsman-domain：核心业务逻辑实现。

- craftsman-infrastructure：基础实施层，负责数据 CRUD 操作。

- start：负责 SpringBoot 的启动和基于 ColaMock 的集成测试。

13.5　领域模型

13.5.1　领域建模

工匠平台的核心领域概念是员工、度量和分数。通过对问题域的简单分析，我们可以得到一个如图 13-3 所示的领域模型，其中，一个员工总是归属于一个团队，员工档案应该包含一组度量，每一个度量都能计算分数。

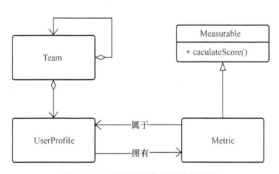

图 13-3　工匠平台的领域模型

进一步分析，我们发现，一个度量（Metric）可能会包含一个或多个度量项（MetricItem）。比如一个 ATA 文章度量会包含多篇 ATA 文章，而每一篇文章就是一个度量项。因此，我们向模型中加入了度量项这个实体，演化后的模型如图 13-4 所示。

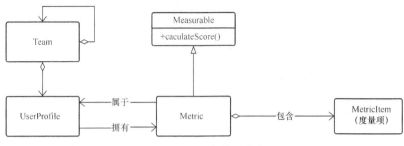

图 13-4　工匠平台模型演化 V1

实际上，基于上面的模型，我们已经可以写一些实现代码来验证模型了。但是为了表达的连续性，我会把模型的演化过程一次性都写在这里。需要注意的是，在工作中不一定都是先建模后写代码的过程，**代码和模型的迭代是交替、螺旋式前进的。**

后来我们发现每个度量的权重（Weight）会因为岗位和角色的不同而不一样，最好将其抽象出来，这样利用多态可以提升系统的扩展性，加入权重实体之后，模型会演化成如图 13-5 所示的样子。

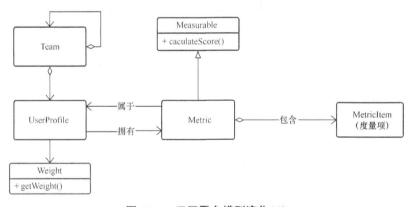

图 13-5　工匠平台模型演化 V2

在写代码实现的过程中，我们发现度量是有层次关系的，如果不加区分，代码会比较晦涩难懂，就不能做到业务语义的显性化表达。比如"技术影响力"这个度量，实际上是由"ATA 文章""分享""专利"和"论文"4 个子度量组成的。

因此，我们又引入了主度量（MainMetric）和子度量（SubMetric）的概念。经过几轮的迭代优化，最终得到了如图 13-6 所示的最终版领域模型。

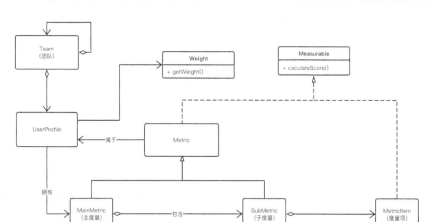

图 13-6　工匠平台领域模型最终版

13.5.2　领域词汇表

在业务讨论和领域建模的过程中，我们逐渐形成了一套描述该领域的词汇表。经过整理后的有关工匠平台的核心领域词汇如下。

- team：团队，一个团队由一个或多个员工组成。

- profile：员工信息，包含员工的所有度量信息。

- metric：通用的度量概念。

- mainMetric：主度量，最顶层的度量，比如"技术影响力"。

- subMetric：子度量，主度量可以包含一到多个子度量，比如"技术影响力"下面的"ATA 文章"。

- metricItem：度量项，一个子度量可以包含一到多个度量项，比如每一篇具体的 ATA 文章就是一个度量项。

- score：分数，所有的度量都可以计算出分数。

- weight：权重，不同度量项所占的权重会不一样。

这套词汇表就是 DDD 中的"统一语言"。在后续讨论、设计，以及编码过程中，我们都应该遵从这套词汇表，做到**"一个团队，一种语言"**，这样会极大地提升代码的表达能力和可理解力。

13.6 核心业务逻辑

根据 COLA 的架构思想，核心业务逻辑是完全独立的，**不依赖任何技术细节**。也就是说，不管你的数据存储是使用 MySQL 还是 MongoDB，对外 API 是使用 REST 还是 RPC，都不会影响我编写核心业务代码。因此，即使是在数据库的选型还没有定下来之前，也不会影响核心业务逻辑的编写进程。

下面以 ATA 文章为例来展示工匠的业务代码。ATA 文章是技术影响力的重要组成部分，每一篇 ATA 文章都是一个度量项（MetricItem）。类似地，每一篇分享和专利都是一个度量项，它们都是度量项的子类（如图 13-7 所示）。

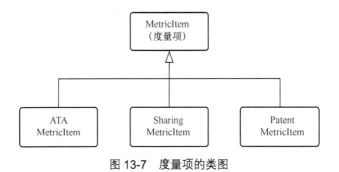

图 13-7　度量项的类图

针对 ATA 文章，我们会从浏览数（hitCount）、点赞数（thumbsupCount）、评论数（commentCount）和收藏数（favoriteCount）4 个维度对其质量进行量化。比如一篇文章的基础分是 0.5，每多 100 次的浏览数会增加 0.25 分，每多 20 个点赞数会增加 0.25 分，等等。其实现代码如下：

```
public class ATAMetricItem extends MetricItem {
```

```java
    private String authorId;//作者
    private String title;//文章标题
    private String url;//文章链接
    private long thumbsUpCount;//点赞数
    private long hitCount;//浏览数
    private long commentCount;//评论数
    private long favoriteCount;//收藏数

    private static int HIT_STEP_SIZE = 100;
    private static int THUMB_UPS_STEP_SIZE = 20;
    private static int FAVORITE_STEP_SIZE = 15;
    private static int COMMENT_STEP_SIZE = 3;
    private static double STEP_SCORE = 0.25;
    private static double BASIC_SCORE = 0.5;

    public ATAMetricItem(String title,long thumbsUpCount,long hitCount,
long favoriteCount, long commentCount) {
        this.title = title;
        this.thumbsUpCount = thumbsUpCount;
        this.hitCount = hitCount;
        this.favoriteCount = favoriteCount;
        this.commentCount = commentCount;
    }

    public static ATAMetricItem valueOf(String json){
        return JSON.parseObject(json, ATAMetricItem.class);
    }

    @Override
    public double calculateScore() {
        logger.debug("calculate score for : " + this);
        double score = BASIC_SCORE;
        score = addScoreByHitCount(score);
        score = addScoreByThumbsupCount(score);
        score = addScoreByFavoriteCount(score);
        score = addScoreByCommentCount(score);
        logger.debug("calculated score is : " + score);
        return score;
    }

    private double addScoreByHitCount(double score) {
        for(int counter = HIT_STEP_SIZE; counter <= hitCount; counter
= counter + HIT_STEP_SIZE){
            score = score + STEP_SCORE;
        }
        return score;
    }
```

```
    private double addScoreByThumbsupCount(double score){
        for(int counter = THUMB_UPS_STEP_SIZE;counter <= thumbsUpCount;
counter = counter + THUMB_UPS_STEP_SIZE){
            score = score + STEP_SCORE;
        }
        return score;
    }

    private double addScoreByFavoriteCount(double score){
        for(int counter = FAVORITE_STEP_SIZE; counter <= favoriteCount;
counter = counter + FAVORITE_STEP_SIZE){
            score = score + STEP_SCORE;
        }
        return score;
    }

    private double addScoreByCommentCount(double score){
        for(int counter = COMMENT_STEP_SIZE; counter <= commentCount;
counter = counter + COMMENT_STEP_SIZE){
            score = score + STEP_SCORE;
        }
        return score;
    }

}
```

ATA 度量（ATAMetric）是技术影响力（InfluenceMetric）这个主度量
（MainMetric）下面的一个子度量（SubMetric）。类似地，分享度量
（SharingMetric）和专利度量（PatentMetric）都是技术影响力的子度量，它
们的关系如图 13-8 所示。

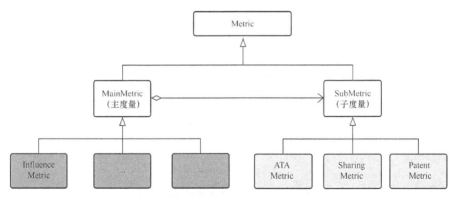

图 13-8　主度量和子度量的关系类图

所以对于像 ATAMetric 这样的子度量，其内容比较简单，主要是定义
类型：

```java
public class ATAMetric extends SubMetric {

    public ATAMetric(){
        this.subMetricType = SubMetricType.ATA;
    }

    public ATAMetric(MainMetric parent) {
        this.parent = parent;
        parent.addSubMetric(this);
        this.subMetricType = SubMetricType.ATA;
    }

    @Override
    public double getWeight() {
        return  metricOwner.getWeight().getUnanimousWeight();
    }
}
```

而子度量的核心业务逻辑（计算分数）是在它们的父类——SubMetric
中完成的，其代码如下：

```java
public abstract class SubMetric extends Metric {
    protected SubMetricType subMetricType;
    protected MainMetric parent;

    @Getter
    private List<MetricItem> metricItemList = new ArrayList<>();

    public void setParent(MainMetric parent){
        this.parent = parent;
        this.metricOwner = parent.metricOwner;
        parent.addSubMetric(this);
    }

    public void addMetricItem(MetricItem metricItem){
        metricItemList.add(metricItem);
    }

    @Override
    public double calculateScore() {
        double subMetricScore = 0;
        for (MetricItem metricItem : metricItemList) {
            subMetricScore = subMetricScore + metricItem.calculateScore();
        }
        return subMetricScore;
    }

    @Override
    public UserProfile getMetricOwner(){
        return parent.getMetricOwner();
    }
}
```

最后，ATAMetric（ATA 子度量）和 SharingMetric（分享子度量）、PaperMetric（论文子度量）、PatentMetric（专利子度量）一起构成了 InfluenceMetric（技术影响力）这个 MainMetric（主度量）。其代码如下：

```java
public class InfluenceMetric extends MainMetric {
    private ATAMetric ataMetric;
    private PatentMetric patentMetric;
    private SharingMetric sharingMetric;
    private PaperMetric paperMetric;

    public InfluenceMetric(UserProfile metricOwner){
        this.metricOwner = metricOwner;
        metricOwner.setInfluenceMetric(this);
        this.metricMainType = MainMetricType.TECH_INFLUENCE;
    }

    @Override
    public double getWeight() {
        return metricOwner.getWeight().getTechInfluenceWeight();
    }
}
```

主度量中最重要的逻辑是加权求和各个子度量的分数，从而得到该主度量的分数：

```java
public abstract class MainMetric extends Metric{
    protected MainMetricType metricMainType;
    protected List<SubMetric> subMetrics = new ArrayList<>();

    public void addSubMetric(SubMetric metric){
        subMetrics.add(metric);
    }

    @Override
    public double calculateScore() {
        double mainMetricScore = 0;
        for (Metric subMetric : subMetrics) {
            mainMetricScore = mainMetricScore+subMetric.calculateScore
() * subMetric.getWeight();
        }
        return mainMetricScore;
    }
}
```

读者可以在 GitHub 中获取有关工匠平台的完整代码，网址为 https://github.com/alibaba/COLA/tree/master/sample/craftsman。

13.7 实现技术细节

13.7.1 数据存储

到目前为止，我们还没有做任何与数据存储相关的事情，但这并不妨碍编写核心业务逻辑代码，这也是我们把数据库列为"技术细节"的原因。在实现核心业务逻辑时，我们不需要关心数据是怎么存储的，无论是存在内存、数据库，还是文件系统中，都不应该影响到业务逻辑的实现。

实际上，领域模型和数据模型完全是两个层面的东西，因为二者的关注点完全不一样。领域模型关注的是业务抽象，采用面向对象分析和设计的方法论；而数据模型关心的是数据存储。二者偶尔可能会有相似之处，但是大部分时候是有着明显差异的。以工匠平台为例，其数据模型只需要 user_profile 和 metric 这两张表（见图 13-9），要比领域模型简单得多。

通过数据模型和领域模型的对比，可以发现二者之间的差异是显而易见的。特别是在上述案例中，领域模型中的 10 余个对象，落到数据层面，只是两张数据表而已。所以说，当前的 ORM 工具还没"智能"到可以做类似工匠平台的对象关系映射。

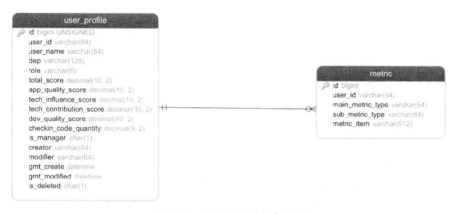

图 13-9 工匠平台的数据模型

13.7.2　控制器

熟悉 Web 开发的读者对于控制器（Controller）一定不会陌生，控制器是模型-视图-控制器（Model-View-Controller，MVC）模式中的重要概念，主要负责前端请求的路由和转发，是链接前端和后端的桥梁。现在大部分公司已经采用前后端分离的架构模式，提倡将视图和控制器都交由前端负责。因此，控制器并不是后端服务的必选项，用 NodeJs 实现也是一个不错的选择。

对于工匠平台而言，使用 SpringMVC 的 RestController 来实现控制器会更加简单。就像奥卡姆说的"无有必要，勿增实体"，能简单做的事情，就不要复杂化。

```
@RestController
public class MetricsController {

    @Autowired
    private MetricsServiceI metricsService;

    @GetMapping(value = "/metrics/ata")
    public MultiResponse<ATAMetricCO> listATAMetrics(@RequestParam
String ownerId){
        ATAMetricQry ataMetricQry = new ATAMetricQry();
        ataMetricQry.setOwnerId(ownerId);
        return metricsService.listATAMetrics(ataMetricQry);
    }

    @PostMapping(value = "/metrics/ata")
    public Response addATAMetric(@RequestBody ATAMetricAddCmd
ataMetricAddCmd){
        return metricsService.addATAMetric(ataMetricAddCmd);
    }
}
```

上面的代码主要完成以下内容。

（1）RestController 相当于@Controller+@ResponseBody 两个注解的结合，默认返回 json。

（2）@GetMapping 是一个组合注解，用于响应 HTTP 的 GET 请求，等价于@RequestMapping(method = RequestMethod.GET）。

（3）@PostMapping 是一个组合注解，用于响应 HTTP 的 POST 请求，等价于@RequestMapping(method = RequestMethod.POST)。

13.8 测试

13.8.1 单元测试

单元测试必须要满足两个前提：测试范围要小，运行速度要快。

阅读业务逻辑代码的实现，我们可以看到代码是纯 POJO 的，除了 JDK 以外，没有任何其他的依赖。因此其单元测试也会非常纯粹，就是对功能点的验证，运行速度极快。例如，对 ATAMetricItem 的分数计算逻辑的测试，下面的单元测试代码就做了比较好的覆盖：

```java
public class ATAMetricTest {
    @Test
    public void testBasicScore(){
        ATAMetricItem ataMetricItem=new ATAMetricItem("article",19,99,
14,2) ;
        Assert.assertEquals(0.5, ataMetricItem.calculateScore(),0.01);
    }

    @Test
    public void testNormalScore(){
        ATAMetricItem ataMetricItem = new ATAMetricItem("article",20,
100,15,3) ;
        Assert.assertEquals(1.5, ataMetricItem.calculateScore(),0.01);
    }

    @Test
    public void testPopularScore(){
        ATAMetricItem ataMetricItem = new ATAMetricItem("article",100,
 500, 75, 15) ;
        Assert.assertEquals(5.5, ataMetricItem.calculateScore(),0.01);
    }
}
```

除了针对领域对象的单元测试，任何重要的功能点都应该用单元测试进行覆盖。比如组装上下文的拦截器对整个应用也至关重要，需要进行充分的测试：

```
public class ContextInterceptorTest {

    @Test
    public void testNoOperatorContext(){
        UserProfileAddCmd userProfileAddCmd = new UserProfileAddCmd();
        userProfileAddCmd.setUserProfileCO(new UserProfileCO());

        ContextInterceptor contextInterceptor=new ContextInterceptor();
        contextInterceptor.preIntercept(userProfileAddCmd);
        String operator = ((UserContext)userProfileAddCmd.getContext().
getContent()).getOperator();

        Assert.assertEquals(operator, ContextInterceptor.SYS_USER);
    }

    @Test
    public void testOperatorContext(){
        UserProfileAddCmd userProfileAddCmd = new UserProfileAddCmd();
        userProfileAddCmd.setUserProfileCO(new UserProfileCO());
        userProfileAddCmd.setOperater("Frank");

        ContextInterceptor contextInterceptor=new ContextInterceptor();
        contextInterceptor.preIntercept(userProfileAddCmd);
        String operator = ((UserContext)userProfileAddCmd.getContext().
getContent()).getOperator();

        Assert.assertEquals(operator, "Frank");
    }
}
```

13.8.2　集成测试

在 12.4.2 节中介绍过，业务系统中集成测试的主要痛点在于模拟
（Mock）成本很高，因此我们自研了 ColaMock。接下来，看看如何使用
ColaMock 编写集成测试。

仍以 ATAMetric 为例，使用 ColaMock 的集成测试大致如下：

```
@RunWith(ColaTestRunner.class)
@ColaMockConfig(mocks={MetricTunnel.class})
public class ATAMetricAddCmdExeTest extends MockTestBase {

    @Autowired
    private MetricsServiceI metricsService;

    private String userId;

    @Before
    public void init(){
        userId = "ATAMetricAddCmdExeTest"+System.currentTimeMillis();
```

```
    }

    @Test
    @ExcludeCompare(fields = {"id","userId"})
    public void testATAMetricAddSuccess(){
        ATAMetricAddCmd ataMetricAddCmd = prepareCommand(userId);
        Response response=metricsService.addATAMetric(ataMetricAddCmd);
        Assert.assertTrue(response.isSuccess());
    }

    @Test
    public void testATAMetricAddWithoutAuthor(){
        ATAMetricAddCmd ataMetricAddCmd = new ATAMetricAddCmd();
        ATAMetricCO ataMetricCO = new ATAMetricCO();
        ataMetricAddCmd.setAtaMetricCO(ataMetricCO);

        Response response=metricsService.addATAMetric(ataMetricAddCmd);

        Assert.assertFalse(response.isSuccess());
    }

    public static ATAMetricAddCmd prepareCommand(String userId){
        ATAMetricAddCmd ataMetricAddCmd = new ATAMetricAddCmd();
        ATAMetricCO ataMetricCO = new ATAMetricCO();
        ataMetricCO.setOwnerId(userId);
        ataMetricCO.setTitle("testATAMetricAddSuccess");
        ataMetricCO.setUrl("sharingLink");
        ataMetricCO.setCommentCount(14);
        ataMetricCO.setFavoriteCount(49);
        ataMetricCO.setHitCount(299);
        ataMetricCO.setThumbsUpCount(89);
        ataMetricAddCmd.setAtaMetricCO(ataMetricCO);
        return ataMetricAddCmd;
    }
}
```

代码说明如下。

- @ColaMockConfig(mocks={MetricTunnel.class}) 表 示 我 们 需 要 对
  MetricTunnel 中的方法调用进行 Mock。

- 添加@RunWith(ColaTestRunner.class)注解，这样在 Run Test 时就会
  自动使用录制的数据进行回放。

13.8.3　回归测试

我们花费大量的精力编写的单元测试和集成测试，除了满足 TDD 的需

要，另一个主要价值体现在回归上。有了单元测试和集成测试作为保障，在引入新的功能或者对老代码进行重构时，我们会更加有信心。只要回归测试全部通过，我们就能进行提测。如果测试覆盖率足够高，甚至可以跳过 QA 的测试，直接进行预发布验证。

有了 ColaMock 的加持，大大减少了集成测试的编写成本。我们可以为业务系统编写更多的集成测试案例，从而使业务系统的可持续集成成为可能。

13.9　本章小结

本章通过工匠平台的实践，介绍了一个业务项目是如何使用 COLA 进行业务开发的。作为一个框架，COLA 可以帮我们快速搭建业务应用；作为规范，COLA 给我们提供了一些好的实践和工作指导；作为一种以领域为核心的编程思想，COLA 可以指导我们用更加面向对象的方式进行设计编程。

不同的业务场景面对的问题域不一样，COLA 并不是必选项。万物流变，不用教条。但无论怎样，我们做好设计、写好代码的初心不应该改变，持续精进和持续学习的热情不应该改变，追求卓越和工匠精神的决心不应该改变。